AF457077

VOYAGE
AU PÔLE NORD,
EN 1818.

DE L'IMPRIMERIE DE J. GRATIOT.

Ervick, Naturel de

VOYAGE
VERS LE PÔLE ARCTIQUE,
DANS LA BAIE DE BAFFIN,
FAIT EN 1818,
PAR LES VAISSEAUX DE SA MAJESTÉ
L'ISABELLE ET L'ALEXANDRE,

COMMANDÉS

PAR LE CAPITAINE ROSS ET LE LIEUTENANT PARRY,

POUR VÉRIFIER S'IL EXISTE UN PASSAGE AU NORD-OUEST DE L'OCÉAN ATLANTIQUE DANS LA MER PACIFIQUE.

RÉDIGÉ,

1° Sur la Relation du capitaine Ross;
2° Sur le Journal publié par un officier à bord de *l'Alexandre*;
3° Sur la Relation du capitaine Sabine;
4° Sur le Journal publié par un autre officier.

PAR L'AUTEUR D'UNE ANNÉE DE SÉJOUR A LONDRES.

PARIS,
LIBRAIRIE DE GIDE FILS,
RUE SAINT-MARC FEYDEAU, n° 20.

1819.

PRÉFACE.

Après tant de voyages inutilement entrepris pour s'assurer s'il existe une communication par le Nord entre l'océan Atlantique et la mer Pacifique, il était impossible que la nouvelle tentative faite à ce sujet par l'Angleterre, en avril 1818, n'attirât pas l'attention de toute l'Europe. Deux vaisseaux commandés par le capitaine Buchan et le lieutenant Franklin devaient s'avancer directement au Nord par les mers du Spitzberg, passer sous le pôle Arctique, et tâcher de traverser ensuite le détroit de Behring. Ils souffrirent tellement des glaces à la hauteur du Spitzberg, qu'ils furent obligés de passer un mois dans cette île pour s'y radouber, et se mettre en état de revenir en Angleterre. Il n'existe pas encore de relation complète et officielle de ce voyage (1).

Deux autres vaisseaux commandés par le capitaine Ross et le lieutenant Parry furent chargés en même temps de passer le détroit de Davis, d'entrer dans la baie de Baffin, et d'y chercher au Nord-Ouest un passage dans la mer Pacifique Ils n'en découvrirent point, soit qu'il n'en existe pas, soit que le peu de temps qu'ils y passèrent, les glaces, ou d'autres circonstances, ne leur aient pas permis de le trouver. Mais ils rendirent au moins un service réel à la géographie, en reconnaissant à peu près complètement la baie de Baffin. « Je trouve un grand plaisir, dit le capitaine Ross dans l'Introduction de la relation de son voyage,

(1) Au moment où nous écrivons, mai 1819.

à penser que j'ai mis dans tout son jour sous les yeux du public le mérite d'un digne et habile navigateur (Baffin), dont le destin, comme celui de bien d'autres, fut non-seulement de perdre, par une combinaison de circonstances défavorables, l'occasion d'acquérir la réputation qu'il avait si bien méritée, mais encore, s'il avait pu vivre jusqu'à présent, de voir des géographes modernes effacer de leurs cartes la baie qui porte si justement son nom, et la traiter comme un fantôme de son imagination. » Effectivement, M. Barrow lui-même ne fait pas figurer la baie de Baffin dans sa carte des régions Arctiques, placée à la tête de son Histoire abrégée des Voyages qui eurent pour but la découverte du passage dont il s'agit, et il donne pour raison de cette omission que « chaque géographe la place comme bon lui semble. »

Deux relations complètes de ce voyage ont été publiées en Angleterre : l'une par le capitaine Ross, commandant *l'Isabelle*; l'autre par un officier de *l'Alexandre*, commandé par le lieutenant Parry. Un journal abrégé en avait déjà été offert au public par un autre officier qui a gardé l'anonyme. Il a été inséré dans un ouvrage périodique intitulé : *Blakwood's Magazine*.

Enfin, M. Sabine, capitaine d'artillerie, homme distingué par ses connaissances en astronomie, en mathématiques et en histoire naturelle, attaché à cette expédition, d'après la recommandation spéciale de la société royale de Londres, vient de donner, dans un journal consacré aux sciences et aux arts, un long article très-intéressant sur diverses parties de ce voyage, et de publier en outre une brochure contenant des observations critiques sur la relation du capitaine Ross.

Dans chacun de ces ouvrages, il se trouve des circonstances qu'on chercherait inutilement dans les autres, dont plusieurs sont curieuses et importantes, et dont quelques-unes ouvrent un champ utile à la critique, par l'opposition qui se trouve entre la manière de voir et de penser des différens auteurs. Nous les avons donc comparés, nous en avons extrait tout ce qui nous a paru devoir amuser, intéresser et instruire le lecteur; et nous y avons conservé la forme du journal, pour nous éloigner le moins possible des deux principales relations qui forment la base de notre travail.

L'ouvrage que nous offrons au public ne doit pourtant être considéré que comme une traduction; et quand nous nous sommes quelquefois permis une réflexion, nous l'avons fait de manière qu'on puisse voir qu'elle nous appartient, afin de ne pas en rendre responsables les auteurs dont nous entreprenons d'extraire les ouvrages. La relation de l'officier à bord de *l'Alexandre* a été notre principal guide pour le matériel du voyage, parce qu'elle est moins sèche que celle du capitaine Ross. Mais nous avons principalement suivi celui-ci dans tout ce qui a rapport à la peuplade d'Esquimaux nouvellement découverte, parce qu'il entre dans plus de détails à ce sujet. Nous y avons seulement ajouté des observations intéressantes du capitaine Sabine, et nous avons eu soin de les distinguer.

VOYAGE

DANS LA BAIE DE BAFFIN,

EN 1818.

CHAPITRE PREMIER.

Motifs qui font entreprendre le Voyage. — Instructions données au capitaine Ross. — Départ. — Arrivée aux îles de Schetland. — Description du pays et des habitans.

DEPUIS deux ans, tous les rapports des hommes les plus intelligens, qui s'occupent habituellement de la pêche de la baleine sur les côtes du Groënland et dans le détroit de Davis, s'accordaient à représenter les mers Arctiques comme chargées de beaucoup moins de glaces qu'elles ne l'avaient été depuis plusieurs années. Divers bâtimens avaient rencontré, sous des latitudes où jamais on n'en avait vu, des montagnes de glace qui, sorties des mers du Nord, venaient se fondre sous un climat plus tempéré. Toutes ces circonstances semblaient prouver qu'il était survenu dans les mers Septentrionales quelque changement favorable à la navigation. Le gouvernement britannique jugea donc qu'on ne pouvait espérer un meilleur moment pour reconnaître les mers Polaires, et tâcher de résoudre la question agitée depuis si longtemps : — S'il existe un passage qui conduise de l'océan Atlantique Septentrional à la mer Pacifique, par le détroit de Behring.

La découverte de ce passage étoit donc le principal objet de cette expédition ; mais d'autres motifs secondaires, quoique importans, contribuèrent aussi à en faire adopter le projet. On désirait s'assurer de la situation du pôle Magnétique ; observer la différence des vibrations du pendule dans les hautes latitudes ; déterminer la latitude et la longitude de lieux qui n'étaient encore que très-imparfaitement connus ; reconnaître les côtes et les havres; enfin, faire toute les expériences et observations qui pourraient ajouter à nos connaissances géographiques sur les régions Polaires. On désirait établir d'une manière positive tous les faits qui pouvaient être utiles aux sciences; et, pour y parvenir, on avait mis sur chaque vaisseau un assortiment complet des meilleurs instrumens qu'il avait été possible de se procurer. Comme il était probable que ce voyage ne serait pas sans utilité pour l'histoire naturelle, le collége royal de chirurgie avait fait placer à bord de chaque bâtiment une caisse contenant des fioles et de l'esprit de vin, pour conserver les divers objets qui pourraient le mériter.

Dans l'équipement des vaisseaux, on n'avait rien épargné pour les rendre propres au genre de service auquel ils devaient être employés; et l'on profita avec empressement de toutes les idées, même données par des particuliers, qui semblaient pouvoir contribuer au succès de l'entreprise. On présuma que des bâtimens marchands seraient plus convenables que des vaisseaux de guerre, attendu qu'il s'y trouve plus de place pour les provisions; et en conséquence on choisit quatre navires qui avaient déjà été employés comme bâtimens de transport, *l'Isabelle* de 368 tonneaux, *la Dorothée* de 380, *l'Alexandre* de 252 et *le Trent* de 250.

On leur donna toute la solidité que le bois et le fer peuvent assurer. On les revêtit extérieurement d'un second doublage en planches de chêne de trois pouces d'épaisseur, depuis la quille jusque bien au-dessus de l'endroit où l'eau pouvait atteindre; et, à l'intérieur, on les fortifia par des poutres placées transversalement à fond de cale, pour les mettre en état de résister à la pression des glaces, s'ils venaient à se trouver serrés entre d'énormes glaçons. Enfin, la proue fut revêtue de fortes plaques de fer, pour empêcher qu'elle ne s'endommageât en frappant contre les glaces flottantes.

L'intérieur fut arrangé de manière à en rendre la distribution aussi commode que possible pour les officiers et pour l'équipage. Afin de les mettre à l'abri de la rigueur du climat, on avait placé des lits portatifs dans chaque bâtiment, ce qui offrait un double avantage : d'abord, ils étaient plus chauds que des hamacs; ensuite, ils pouvaient facilement se transporter à terre, si l'on se trouvait obligé d'entrer en quartier d'hiver. On avoit aussi une ample provision de charbon, car c'était ce qui composait le lest des quatre navires. D'excellens poêles maintenaient une température douce dans l'intérieur des bâtimens, et des tuyaux de chaleur distribuaient en outre un air chaud entre les ponts.

Comme il pouvait arriver que les bâtimens se trouvassent forcés de passer l'hiver dans les régions Arctiques, on les avait munis de planches de sapin, de tentes goudronnées, et de nattes de Russie, pour en couvrir les vaisseaux; matériaux qui pouvaient être aussi d'une grande utilité, si l'on était obligé de s'établir sur quelque rivage. On n'avait pas omis d'y joindre les vêtemens les plus chauds, tels que des couvertures en peaux de loup, des redingotes, des habits, des gilets et des pantalons en étoffe de laine, des bonnets fourrés, des gants tricotés, des souliers montant au-dessus des chevilles, des bottes pour la glace; et l'on devait en fournir à chacun un assortiment complet, aux frais du gouvernement. On avait donc pourvu de la manière la plus efficace aux moyens de résister aux rigueurs du froid.

Chaque bâtiment portait des munitions et des approvisionnemens pour trois ans; et dans le choix des provisions on avait apporté les plus grands soins pour la conservation de la santé des hommes de l'équipage. Les salaisons étaient nouvelles et de la meilleure qualité; on avait en abondance des pommes de terre et d'autres légumes, et une grande quantité d'antiscorbutiques, si nécessaires dans les voyages de long cours, surtout dans les climats froids, où le scorbut fit de si cruels ravages parmi les équipages des anciens navigateurs.

A toutes ces précautions, on en avait joint une dernière : c'etait de placer sur chaque navire un assortiment assez considérable de marchandises, qui, quoique de peu de valeur en elles-mêmes, étaient de nature à fixer l'attention des peuplades incivilisées qu'on pouvait rencontrer sur les côtes du Groënland ou de l'Amérique, et qui pouvaient être des moyens d'échange pour en obtenir des fourrures, des vivres, ou tout autre objet qui serait utile aux voyageurs, et qu'elles pourraient leur fournir. C'etaient des pantalons, et des gilets à manches de gros draps, des chemises, des parapluies, du fil, des aiguilles, des clous, des miroirs, des grains de verre de diverses couleurs. On avait aussi quelque fusils rayés, communs, pour en faire des présens aux chefs, ou pour en faire également des objets d'échange.

La navigation sur les mers Glaciales exigeant des connaissances particulières, on avait mis sous les ordres du commandant de chaque navire un maître et un contremaître qui avaient long-temps servi en cette qualité à bord d'un batiment faisant la pêche de la baleine dans les parages du

Spitzberg et du Groënland, et qui connaissaient par expérience quels étaient les meilleurs moyens à employer pour se défendre contre les glaces, et pour triompher des barrières qu'elles opposent.

Enfin le gouvernement anglais avait fait prier les cours de Russie, de Danemark et de Suède, de donner ordre à tous leurs navires de marine royale ou marchande d'accorder à ces bâtimens tous les secours dont ils pourraient avoir besoin.

Nous avons jusqu'à présent parlé en commun des quatre bâtimens destinés au voyage de découverte, parce qu'il n'existait aucune différence dans leur équipement, ni dans les mesures prises pour assurer le succès de leur expédition. Il faut maintenant faire connaître ici que la *Dorothée* et le *Trent* devaient chercher le passage en voguant directement vers le Nord par les mers du Spitzberg, et en passant sous le pôle Arctique. L'histoire de leur voyage ne faisant point partie de cet ouvrage nous allons cesser de nous en occuper, et nous ne parlerons plus que de l'*Isabelle* et de l'*Alexandre*, qui devaient chercher un passage au Nord-Ouest, par le détroit de Davis et la baie de Baffin.

L'assurance donnée par les bâtimens faisant la pêche de la baleine, que la quantité de glaces avait considérablement diminué depuis deux ans dans les mers du Nord, était également favorable aux deux expéditions. Mais d'autres raisons semblaient encore militer puissamment pour faire espérer le succès complet de celle qui était destinée pour la baie de Baffin. On prétendait qu'il existe dans la partie septentrionale du détroit de Davis, pendant l'été et peut-être même pendant une partie de l'hiver, un courant assez violent, venant du Nord, et qui entraîne d'immense glaçons pendant le printemps, et des montagnes de glace pendant l'été. Si ce courant est considérable, disait-on, il paraît imposible qu'il soit entièrement occasioné par des rivières venant de la terre, ou par la fonte des neiges. Il y aurait donc lieu de supposer qu'il vient d'une mer ouverte; et dans ce cas la baie de Baffin, au lieu d'être complètement entourée de terres, comme on la représente généralement, doit nécessairement avoir une communication avec l'océan Arctique.

La circonstance que MM. Hearne et Mackenzie ont vu la mer à l'embouchure des fleuves de Coppermine (mine de cuivre) et de Mackenzie, offrait encore un argument très-fort en faveur de l'existence d'un passage au Nord-Ouest. Il est vrai que ces voyageurs ont parlé d'une manière si superficielle de la mer qu'ils ont vue en ces deux endroits, que bien des gens en ont conclu que ce qu'ils ont pris pour l'océan Arctique n'était autre chose que de grands lacs d'eau douce. Il est à regretter que leurs relations ne puissent dissiper tous les doutes à cet égard ; car, s'il leur en restait quelqu'un, rien ne leur était plus facile que de l'éclaircir en un instant, en goûtant l'eau qu'ils avaient sous les yeux. Mais, quoiqu'ils n'aient pas fait mention de cette épreuve, il ne résulte pas positivement de leur silence, qu'ils ne l'avaient pas faite; car il n'est nullement vraisemblable que des hommes qui avaient fait un si long voyage, qui avaient supporté tant de maux, de fatigues et de privations, n'aient pas pris, à l'instant où ils étaient arrivés au terme de leurs travaux, toutes les mesures nécessaires pour reconnaître la nature de l'immense nappe d'eau sur les bords de laquelle ils se trouvaient. Or, si l'on suppose, comme tout semble porter à le croire, que ces deux voyageurs soient veritablement arrivés sur les bords de la mer, et non sur ceux d'un lac, il en résulte que les deux tiers au moins du Nord de ce vaste continent sont baignés par la mer, puisque les deux fleuves dont nous venons de parler le coupent en trois parties presque égales.

L'équipage de *l'Isabelle* se composait du capitaine Ross, commandant l'expédition; d'un lieutenant et de deux autres officiers; d'un chirurgien et d'un aide-chirurgien; d'un munitionnaire et d'un clerc; de M. Sabine, capitaine de l'artillerie royale; d'un maître et d'un contre maître de bâtimens, faisant la pêche de la baleine dans les parages du Nord; de trente-huit marins; de deux sergens et de six soldats; et enfin d'un interprète, dont nous parlerons plus au long dans un instant : en tout, cinquante-huit hommes.

L'Alexandre, commandé par le lieutenant Parry, avait à bord un lieutenant et deux officiers, un aide-chirurgien, un munitionnaire, un clerc, un maître et un contre-maître de bâtimens faisant la pêche de la baleine, vingt-trois marins, un caporal et quatre soldats; en tout, trente-sept hommes.

Depuis le capitaine jusqu'au dernier matelot, les deux équipages n'étaient composés que d'hommes de bonne volonté qui avaient demandé ou consenti librement à faire partie de l'expédition.

L'interprète à bord de *l'Isabelle* était un Esquimaux, nommé, dans les relations que nous avons sous les yeux, Sackhouse, Sackheuses et Zaccheur : nous lui conserverons le premier de ces noms, sous lequel il est généralement connu en Angleterre. Le bâtiment *le Thomas-et-l'Anne-de-Leith*, faisant la pêche de la baleine sur les côtes du Groënland, en 1816, reçut la visite de quelques Esquimaux, à l'instant où il allait mettre à la voile pour retourner en Angleterre. Sackhouse était de ce nombre. Il trouva le moyen de se cacher dans le navire, et laissa partir ses compagnons, qui ne s'aperçurent pas de son absence, ou qui peut-être étaient dans la confidence de son dessein. Quand on le découvrit, il était trop tard pour pouvoir le renvoyer à terre. On varie sur les causes qui l'avaient déterminé à quitter ainsi son pays. Les uns disent qu'ayant été converti par des missionnaires, il voulait voir le pays qu'ils habitaient, se faire mieux instruire dans la religion qu'il avait adoptée, et retourner ensuite dans sa patrie, pour travailler lui-même à la conversion de ses compatriotes. Les autres assignent un motif moins noble à sa résolution, et l'attribuent à un désespoir amoureux. Il avait eu une querelle avec la mère d'une jeune personne qu'il devait épouser, et ne pouvant obtenir son consentement à ce mariage, le dépit qu'il en avait conçu lui avait inspiré le projet de s'éloigner. Il était pourtant retourné au Groënland en 1817, sur le même bâtiment, et il paraît qu'il avait dessein d'y rester; mais la seule parente qu'il eût, sa sœur, était morte pendant sa courte absence, et il revint en Angleterre. On sentit qu'il pouvait rendre de grands services dans le voyage de découvertes qui eut lieu en 1818; car il commençait à s'expliquer en Anglais suffisamment pour se faire comprendre, et il avait un degré d'intelligence qu'on n'aurait pas supposé à un homme qui avait passé toute sa vie, excepté les deux dernières années, dans un état sauvage. Il avait un goût tout particulier pour le dessin, mais il ne pouvait encore comprendre les lois de la perspective; de sorte qu'en copiant avec assez de fidélité les objets qu'il avait sous les yeux, il les plaçait tous sur un seul plan, et ceux qui auraient dû être dans l'éloignement paraissaient placés perpendiculairement au-dessus des premiers. L'amirauté fit venir à Londres Sackhouse, qui était alors à Édimbourg, et lui fit des offres avantageuses pour qu'il accompagnât l'expédition qui se préparait. Il y consentit sur-le-champ, mais il expliqua à plusieurs reprises qu'il voulait qu'on le ramenât en Angleterre, et qu'on ne le laissât pas dans son pays natal. Quelques jours avant le départ de *l'Isabelle* il fit sur la Tamise, dans son canot, diverses excursions qui attirèrent beaucoup de spectateurs, par l'adresse et la dextérité avec lesquelles il manœuvrait son fragile bâtiment. On verra dans la suite de la relation combien il fut utile dans le cours du voyage. L'amirauté fut si contente de ses services, que, désirant en tirer encore un meilleur parti, lors de l'expédition projetée pour 1819, elle l'avait envoyé à Édimbourg, pour lui faire donner à ses frais toute l'instruction dont il pouvait être susceptible. Malheureusement il y fut attaqué du typhus, dont il mourut en février 1819; perte qui ne sera pas facile à réparer.

Lors de son premier débarquement en Angleterre, le premier objet qu'il vit fut une vache. Il lèva aussitôt sa javeline, et se mit en posture de se défendre, si le monstre l'attaquait, lui ou ses compagnons.

Étant à Londres, on lui fit voir un éléphant, et, après lui avoir fait remarquer la manière dont cet animal obéissait aux ordres de son maître, on lui demanda ce qu'il en pensait. « Éléphant, répondit-il, a plus d'esprit qu'Esquimaux. »

Dans sa dernière maladie, le régime qui lui était prescrit ne lui plaisait nullement. Un jour que le médecin vint le visiter, Sackhouse avait fermé sa porte, et rien ne put le déterminer à l'ouvrir. Un de ses amis vint lui représenter qu'il avait tort de ne pas vouloir voir le médecin. Sackhouse répondit qu'il voulait bien le voir. « Mais, ajouta-t-il, docteur dire, Sackhouse pas manger de poisson. Esquimaux n'aimer pas à ne pas manger de poisson. Moi en avoir acheté; le faire griller; docteur venir; moi pas vouloir que lui voir poisson, et moi fermer la porte. »

Les instructions données au capitaine Ross par l'amirauté étaient fort longues, et il serait inutile de les transcrire ici dans toute leur étendue. Elles embrassaient presque tous les cas possibles et imaginables; et cependant, comme il était impossible de tout prévoir dans un semblable voyage, elles laissaient beaucoup de choses à la discrétion du capitaine.

On commençait par raisonner dans le cas de la découverte du passage. Les vaisseaux alors devaient gagner le détroit de Behring, pour entrer dans la mer Pacifique; toucher au Kamtschatka, pour remettre au gouverneur russe des dépèches qu'il transmettrait en Angleterre; passer l'hiver dans les îles Sandwich, ou dans tel autre lieu de relâche que le capitaine jugerait convenable, et tâcher, l'année suivante, de revenir en Angleterre par la même route, si les circonstances le permettaient; sinon, on doublerait le cap de Bonne-Espérance.

Si, après avoir découvert le passage, et être entré dans la mer Arctique, ou, comme l'appelle M. Barrow, le bassin Polaire, les glaces mettaient obstacle à ce qu'ils traversassent le détroit de Behring pour se rendre dans la mer Pacifique, le capitaine devait chercher, sur la côte Septentrionale de l'Amérique, quelque baie où les vaisseaux pussent hiverner sans danger. Ils avaient à bord, à cet effet, tout ce qui leur était nécessaire pour y construire une habitation temporaire qui les mettrait à l'abri des rigueurs du temps.

S'il était impossible qu'on avançât assez vers l'Ouest, pour doubler l'extrémité Nord-Est de l'Amérique, toujours en supposant l'existence d'un passage, le capitaine avait l'ordre de suivre les côtes à l'Est et au Nord, pour s'assurer jusqu'à quel point on pouvait s'avancer le long de la côte Orientale de l'ancien Groënland, et pour tâcher de s'assurer s'il fait partie du continent de l'Amérique.

Il lui était aussi recommandé de ne rien négliger pour ajouter à nos connaissances géographiques, encore bien imparfaites, sur la côte Orientale de l'Amérique; de reconnaître l'île ou les îles qu'on suppose exister entre ce continent et celle de Disco. Mais, à moins qu'il ne se trouvât enfermé par les glaces, il ne devait passer l'hiver, ni sur la côte Orientale de l'Amérique, ni sur celle Occidentale du Groënland; mais remettre à la voile pour l'Angleterre, du 15 au 20 septembre, ou, au plus tard, le 1er octobre. On verra ci-après que le capitaine Ross se conforma très-scrupuleusement à cette dernière partie de ses instructions.

Pour reconnaître la force des courans de ces mers, il devait jeter à la mer tous les jours une bouteille vide, bien fermée, après y avoir renfermé un écrit imprimé en Anglais, en Français, en Russe, en Danois, en Hollandais et en Espagnol, contenant une invitation à quiconque le trouverait, de l'envoyer à Londres à l'amirauté, en ayant soin de mander quel jour, à quelle heure et à quelle hauteur on l'avait trouvé. Un nombre considérable de ces imprimés lui avait été remis, et il n'avait à y ajouter à la main que la date du jour et de l'heure, ainsi que la latitude et la longitude de l'endroit où la bouteille aurait été jetée à la mer. Nous ne répéterons pas tous les jours, comme le capitaine Ross, qu'il a lancé sa bouteille à la mer, ce qui pourrait devenir fastidieux pour les lecteurs; mais nous ferons mention d'une précaution additionnelle qu'il prit, et dont il n'est parlé que dans la relation d'un officier à bord de *l'Alexandre:* c'était d'y attacher un morceau d'étoffe blanche, qui, surnageant avec la bouteille, devait d'autant mieux attirer l'attention.

Les deux bâtimens devaient convenir d'un rendez-vous pour se rejoindre, en cas de séparation accidentelle.

Enfin, les instructions indiquaient les diverses expériences qu'on devait faire sur la température de l'eau de la mer, à diverses profondeurs ; sur les effets de la réflexion sur la glace; sur la variation de l'aiguille aimantée; sur les vibrations du pendule, etc.; et l'on recommandait de rapporter des échantillons des productions minérales, animales et végétales de ces mers, et des terres qui les bordent.

Le 14 avril, entre cinq et six heures du matin, *l'Isabelle* et *l'Alexandre* mirent à la voile de Galleons-Reach, sur la Tamise, à peu de distance de Londres, et arrivèrent le 16, à quatre heures du soir, au Nore. Quelques réparations à faire et d'autres causes inutiles à rapporter, les retinrent dans la Tamise plusieurs jours. Enfin, le 25, à six heures du matin, le vent ayant tourné au Sud-Ouest, les deux vaisseaux se mirent en mer, passèrent le 26, dans la matinée, devant Yarmouth, et jetèrent l'ancre le 30, à midi, dans le havre de Lerwick, capitale des îles de Schetland, sans avoir éprouvé aucun accident qui mérite d'être rapporté; car nous ne nous proposons pas d'entretenir nos lecteurs de la pluie et du beau temps qui jouent un assez grand rôle dans la relation du capitaine Ross.

En approchant de cet ancrage, la côte à droite est escarpée, et bordée de rochers qui, en quelques endroits, s'élèvent perpendiculairement à une très-grande hauteur. Sur la même ligne, on remarque une ou deux arcades formées par la nature, et sous lesquelles la mer offre aux barques un libre passage pour aller d'un rocher à l'autre. Une de ces ouvertures, même à très-peu de distance, pourrait être regardée comme un ouvrage de l'art. A quelques milles de Lerwick, une petite île, ou pour mieux dire, un roc isolé, s'élève du sein des eaux, si près de la terre, qu'on traverse l'étroit bras de mer qui l'en sépare, dans un panier suspendu à une corde attachée aux deux rochers opposés, et le long de laquelle on le fait couler à l'aide d'une autre corde qu'on tire successivement de chaque côté.

La vue que cette contrée présente en général, n'est nullement attrayante. C'est une nature sauvage, monotone, et n'offrant que des montagnes nues et stériles, qui, dans quelques endroits, s'inclinent par une pente assez douce vers la mer, et qui, dans d'autres, élèvent très-haut leurs sommets escarpés, et dominent sur de profonds précipices. Dans les vallées qui les séparent, le sol, jusqu'à une assez grande profondeur, est une espèce de tourbe qu'on coupe en morceaux de forme longue et qu'on brûle après les avoir fait sécher; car on n'y trouve d'autre bois ni d'autre charbon que celui qui y est importé d'autres pays.

Les îles de Schetland produisent de l'avoine, de l'orge, des pommes de terre et quelques légumes. Les animaux domestiques y sont les mêmes qu'en Angleterre, mais de plus petite race, surtout les chevaux. Les moutons sont couverts d'une toison si fine, que les bas qu'on fabrique avec leur laine, peuvent passer dans une bague. On remarque aussi que leur couleur offre plus de variété que partout ailleurs. Dans un troupeau de deux ou trois douzaines de moutons, on en voit de tout-à-fait noirs, d'autres d'un beau brun, et enfin, de toutes les nuances entre le noir et le blanc.

Les habitans sont de moyenne taille et bien proportionnés. Les hommes ont en général le teint basané; mais les femmes ont la peau blanche, un air de fraîcheur et de santé. On les dit très-hospitaliers, et nos voyageurs attestent qu'ils en furent accueillis de manière à confirmer cette réputation. Les classes supérieures envoient leurs enfans en Écosse ou en Angleterre pour y recevoir leur éducation, et ne le cèdent, ni pour les talens, ni pour la politesse, à ceux qui sont plus voisins du centre du bon goût. Les jeunes gens, élevés ainsi dans les principes d'une instruction libérale, rapportent chez eux le désir d'imiter leurs voisins plus policés, et n'ont pas eu le temps de se charger des vices qui sont l'apanage ordinaire des peuples civilisés. Les classes inférieures n'ont que des idées très-bornées, suite inévitable de leur situation isolée; mais on y trouve de l'intelligence, de l'adresse et de la circonspection, et les femmes se font remarquer par leur modestie. La principale occupation de celles-ci, est de tricoter des bas, et elles y sont fort habiles; ce qui ne paraîtra pas surprenant, si l'ont fait attention qu'elles commencent à tricoter dès leur première enfance, et qu'elles continuent à le faire jusque dans la vieillesse la plus avancée. On en voit souvent plusieurs s'occupant ainsi, le dos appuyé contre le mur d'une maison; et l'on trouve parmi elles de jeunes filles qui ont à peine dix ans, et de vieilles femmes dont le seizième lustre est près d'expirer; quelquefois même on en voit de plus âgées.

Ce que nous venons de dire doit s'entendre principalement des femmes qui demeurent dans la ville de Lerwick; car dans la campagne elles ont des occupations toutes différentes, et beaucoup moins agréables. Ce sont littéralement des bêtes de somme. On les voit porter sur le dos, dans des paniers de paille, l'engrais nécessaire pour fumer les champs; on le voit labourer la terre avec la bêche, y traîner la herse; en un mot, elles se livrent à tous les travaux les plus pénibles de l'agriculture. Ce n'est pas qu'il en faille accuser la paresse ou la dureté des hommes; c'est la nécessité qui leur en fait une loi. Tout ce qui est en état de manier la rame, part au mois de mars ou d'avril pour aller à la pêche dans les mers du Groënland; de manière, qu'à l'exception des femmes, il ne reste, pour les ouvrages des champs, que les vieillards et les enfans; et comme leur faiblesse les rend incapables des travaux les plus pénibles, ces soins retombent sur les femmes, et deviennent leur partage presque exclusif. Ceux qui ont à cultiver une étendue de terrain un peu considérable emploient des chevaux, si l'on peut donner ce nom à des animaux dont la taille n'atteint pas celle d'un âne ordinaire; mais ceux dont la culture est bornée n'ont pas le moyen de se procurer ce secours.

Le peu de séjour que firent nos voyageurs dans les îles de Schetland, ne leur permit pas de prendre des renseignemens assez précis sur les mœurs et les coutumes de leurs habitans, pour pouvoir en faire part au public. L'Anglais y est la langue générale; mais on trouve dans le langage du bas peuple beaucoup d'expressions norvégiennes qui pourraient servir de preuve de leur origine, s'il existait quelque doute à cet égard. Ils s'habillent à l'anglaise, et diffèrent en cela des habitans du nord de l'Écosse.

D'après une ancienne charte, Scolloway était autrefois la capitale de ces îles; mais cette ville ne consiste aujourd'hui qu'en quelques maisons, et c'est Lerwick qui porte actuellement ce titre. Elle est située sur une petite éminence, près du bord de la mer, dans une île à laquelle on a donné le nom de *Mainland* (principale terre ou continent), probablement parce qu'elle est la plus grande de toutes celles qui composent le groupe des îles de Schetland. Elle a environ un quart de mille de longueur, et un demi-quart de largeur. Elle est bâtie très-irrégulièrement, et l'on y chercherait en vain ce qu'on pourrait appeler une vue ; car à peine se trouve-t-il dans toute la ville trois maisons de suite qui soient alignées. Malgré ce manque de symétrie, on y voit quelques maisons qui sont grandes et bien bâties. Sur une hauteur, au bout de la ville, du côté du Nord, est un petit fort, contenant des casernes. De même que les maisons, il est construit en pierres brutes et couvert d'ardoises. La garnison était alors composée d'un sergent et de quatre à cinq soldats d'artillerie.

En réfléchissant à la situation de cette ville, sous le 60e degré de latitude, la température douce du climat mérite d'être remarquée. Le thermomètre de Fahrenheit, à l'ombre, ne tomba pas au-dessous de 46 degrés, et, de deux à trois heures après midi, il était en général à 50. On dit que les hivers y sont longs, mais moins rigoureux qu'on ne pourrait le croire, et que le froid y est moins vif qu'en bien des endroits du continent situés sous des latitudes moins élevées.

Les îles de Schetland sont au nombre d'environ 40, dont une trentaine seulement sont habitées. Les plus grandes sont celles de Mainland, d'Yell, de Brassa ou Bressay, et d'Unst. La population en est calculée à 23,000 ames. Sur ce nombre, quinze cents hommes partent tous les printemps pour aller à la pêche de la baleine, dans les mers du Groënland, et les pêcheurs sur les côtes sont encore plus nombreux. Aussi, nos navigateurs, pendant leur séjour, ne virent-ils presque que des vieillards et des enfans; preuve que la partie de la population qui est dans la force de l'âge était en mer, ce qui, comme nous l'avons déjà fait observer, fait retomber sur les femmes le poids des travaux domestiques et même de la culture des terres.

Plusieurs navires anglais étaient à l'ancre dans le havre de Lerwick, entre autres, *le Prince-de-Galles*, capitaine Olivier. Il se trouvait à bord de ce bâtiment un excellent joueur de violon, qui demanda et obtint la permission de passer sur *l'Isabelle*. « Je puis dire avec vérité, dit à cette occasion le capitaine Ross, que les sons harmonieux de ce pauvre diable contribuèrent à charmer l'ennui de bien des heures pendant les scènes monotones qui se succédèrent ensuite pour nous, et qui présentaient si peu de variété et d'amusement. »

Plusieurs officiers firent une excursion dans l'île de Bressay. Pendant que le capitaine Sabine s'y occupait d'opérations astronomiques auxquelles le temps apporta malheureusement obstacle, deux autres, en parcourant l'île, trouvèrent un fragment de l'épine du dos d'une baleine, et le rapportèrent en triomphe à *l'Isabelle*, croyant avoir un trésor, une partie du squelette d'un mammouth. Leur méprise fit beaucoup rire, mais pas assez pour refroidir l'ardeur générale pour les découvertes en histoire naturelle.

CHAPITRE II.

Départ des îles de Schetland. — Courant venant du détroit de Davis. — Non-existence de la terre de Buss. — Première vue des glaces. — Différens noms qu'on leur donne. — Arrivée sur les côtes du Groënland. —Entrevue avec les naturels. — Description de leurs canots. — Formation des montagnes de glace. —Ile de Whale. — Entrevue avec le gouverneur danois. — Ile de Waygat. — Sa description.

Le 3 mai, à huit heures et demie du matin, *l'Isabelle* et *l'Alexandre* quittèrent le havre de Lerwick. Le vent soufflant encore du Sud, ils furent obligés de traverser le détroit d'Yell, passage dangereux pour ceux qui ne le connaissent pas, surtout dans les gros temps, attendu qu'il est rempli de rochers, dont un grand nombre sont à fleur d'eau : aussi, chacun des bâtimens prit-il un pilote du pays. Le ciel était beau, le vent favorable ; ils entrèrent en pleine mer à quatre heures après midi, et firent leurs adieux à la dernière des îles britanniques.

Le 8 mai, *l'Isabelle* se trouvait sous 59° 28' de latitude Septentrionale, et 17° 22' de longitude Occidentale, à l'endroit où un banc est marqué sur la carte de Steel, comme ayant été découvert par Olof Kramer. On jeta la sonde à plusieurs reprises ; mais, ni en cet endroit, ni dans les environs, on ne trouva de fond à 130 brasses.

Plusieurs oiseaux de terre vinrent se reposer sur le bâtiment, tellement épuisés de fatigue que deux se laissèrent prendre à la main. Un ouragan qu'on avait essuyé les avait probablement jetés en pleine mer.

Le temps était toujours beau, et la température assez douce. Le thermomètre marquait en général cinquante degrés en plein air, et quarante-cinq dans l'eau. On commençait pourtant à prendre toutes les mesures convenables contre la rigueur du froid qu'on ne pouvait tarder à éprouver; entre autre choses, le charpentier construisit ce que les marins appellent *un nid de corbeau.* C'est une espèce de guérite qu'on attache au haut du mât, pour mettre l'homme qui y est de garde à l'abri du mauvais temps. Elle est de forme cylindrique, et l'on y entre par-dessous au moyen d'une trappe, qui se ferme ensuite, et qui sert de plancher quand on y est entré.

Le temps continuant d'être beau, on fit l'essai de divers instrumens, notamment de celui inventé par le capitaine Kater, et qui a pour objet de faire connaître la hauteur du soleil, quand l'horizon est tellement obscurci de nuages qu'il est impossible de la trouver en employant les moyens ordinaires. Son effet parut répondre à l'idée qu'on en avait conçue.

Le 15, vers cinq heures du soir, l'équipage de *l'Alexandre* vit une substance blanche flotter sur la surface de l'eau. On mit sur-le-champ une chaloupe en mer pour l'aller ramasser, et l'on reconnut que c'était un morceau de graisse de baleine pesant environ 10 livres. Le dessus n'offrait plus aucune trace de substance adipeuse ou huileuse. Il paraît que les oiseaux s'en étaient régalés; car un d'eux, le *Procellaria glacialis*, ou Fulmair, s'y trouvait encore à l'instant où on l'avait ramassé. En y faisant une incision, l'intérieur se trouva encore frais; et d'après l'opinion du maître et du contre-maître, son séjour dans l'eau ne pouvait avoir excédé trois semaines, ou un mois tout au plus. Ils remarquèrent aussi que la baleine à laquelle ce morceau de graisse avait appartenu devait avoir été tuée, attendu que celles qui meurent de mort naturelle ont la graisse rouge, parce qu'elle conservent leur sang; au lieu qu'elle est blanche chez celles qui ont été arponnées, parce qu'elles le perdent avant de mourir. « Quelque peu important que paraisse ce fait à la première vue, dit un officier à bord de *l'Alexandre*, dont nous extrayons en ce moment la relation, on verra, en y réfléchissant, qu'il mérite quelque attention : attendu qu'il peut jeter un certain jour sur la force et la direction du courant qui a amené ici ce morceau de graisse, s'il y est venu par ce moyen; ce dont il n'est guères possible de douter. D'abord on peut demander quels sont les moyens probables, si ce ne sont les courans, qui l'ont amené à l'endroit où on l'a trouvé. Je ne puis en imaginer que deux: le premier, qu'une baleine ait été tuée dans les environs; le second, que ce morceau de graisse soit tombé d'un bâtiment qui avait fini son chargement, et qui s'en retournait. Mais, d'après tout ce que j'ai pu apprendre, jamais on ne tue des baleines à l'Est du cap Farewell, si ce n'est dans les mers du Groënland, et il n'est nullement vraisemblable qu'aucun des vaisseaux faisant la pêche de la baleine eût déjà terminé son chargement, et fût reparti, à une époque si peu avancée de la saison. Il faut donc en conclure qu'il a été amené par un courant partant du détroit de Davis, ou des mers du Groënland. Mais nous étions alors à 200 lieues du cap Farewell, et encore plus loin des pasages du Groënland où se fait ordinairement la pêche de la baleine.

Toutes les probabilités sont donc que ce courant part du détroit de Davis. »

« Mon opinion est néanmoins, dit au contraire le capitaine Ross, que ce morceau de graisse était resté tout l'hiver sur les glaces, peut-être près de l'Islande; et qu'il avait été ainsi conservé par la gelée jusqu'à la fonte du glaçon sur lequel il se trouvait, événement qui était probablement arrivé peu de temps avant qu'on le trouvât ».

Quoi qu'il en soit, l'autre officier trouva, le 22, de nouveaux raisonnemens à l'appui de sa conjecture. La gravité spécifique de l'eau de la mer se trouva beaucoup moindre ce jour-là que le 20 et le 21, ce qu'il attribua à un courant occidental, partant du détroit de Davis où l'eau de la mer doit être considérablement moins salée, par suite de l'immense quantité de glaces qui s'y fondent à cette époque de l'année, et où par conséquent elle doit aussi avoir moins de gravité que dans les endroits où elle n'a aucun mélange d'eau douce. Jusqu'au 17, on avait constamment trouvé que la température de l'eau de la mer était moins froide que celle de l'air; à compter de ce jour on remarqua tout le contraire, et il attribua ce changement à la même cause que la différence de gravité spécifique de l'eau, c'est-à-dire, à l'existence d'un courant qui, contenant une grande quantité d'eau de glace fondue, doit affecter la température de l'eau de la mer avec laquelle il se mêle, de manière à lui communiquer un degré de froid plus considérable que celui de l'air. Enfin, le 23, on remarqua effectivement une apparence de courant. Le lendemain on fit, à bord de *l'Isabelle*, les expériences nécessaires pour reconnaître s'il en existait un, et quelles étaient sa force et sa direction, et l'on trouva qu'il venait de l'Ouest-Nord-Ouest, et que sa vitesse était d'environ sept à huit milles par vingt-quatre heures. Enfin, le 26, on reconnut que ce courant avait fait devier le bâtiment de quelques milles vers l'Ouest.

Depuis que les vaisseaux avaient quitté les îles de Schetland, on attachait à la poupe de chaque vaisseau un filet en forme de sac, pour recueillir les productions marines qui pourraient flotter près de la surface de la mer. *L'Alexandre* y trouva, le 17, une espèce de méduse pesant trois quarterons, tout-à-fait gelatineuse, et à demi transparente.

Le même jour à midi, *l'Isabelle* se trouvait par 57° 28′ de latitude. C'est sous ce parallèle que plusieurs cartes placent la terre prétendue enfoncée de Buss, par 29° 45′ de longitude. On était alors par 28° 20′ mais le capitaine Ross, voulant vérifier l'existence de ce banc, se dirigea vers le Nord-Ouest, et se trouva, au coucher du soleil, précisément à l'endroit indiqué. On y jeta la sonde, et l'on ne trouva pas de fond à 180 brasses. Pendant 50 milles on répéta la même expérience tous les quatre milles, et l'on obtint toujours le même résultat.

« L'existence de ce banc, dit le capitaine Ross, est depuis long-temps révoquée en doute par les pêcheurs du Groënland, et bien certainement il n'existe pas à l'endroit où il est marqué sur les cartes. Des hommes de l'équipage nous rapportèrent diverses histoires sur ce banc; mais, en comparant leurs témoignages, il me parut que jamais la sonde n'y avait trouvé le fond. Je suis donc porté à croire que des bâtimens fortement secoués dans ces parages par une mer houleuse, ont mal à propos attribué les chocs qu'ils éprouvaient à la prétendue terre enfoncée de Buss ».

Le 20, *l'Alexandre* ramassa un morceau de bois de sapin d'environ trois pieds de longueur, et qui avait à peu près autant de circonférence au plus gros bout. Ce paraissait être la racine d'un arbre arraché du rivage par la violence des élémens, car on n'y voyait aucune marque de hache ni de quelque instrument tranchant que ce fût. Il est vrai que la surface en était tellement usée par le frottement continuel contre les rochers et les glaces, que quand même il eût été coupé, il aurait été difficile d'en reconnaître les marques. Il était bien conservé; l'exterieur en était doux et couvert d'une matière visqueuse. D'après la situation où se trouvait alors le bâtiment, sous 57° 50' de latitude, et 36° 21' de longitude, on présuma qu'il venait de quelque partie de la côte septentrionale de l'Amérique.

Le 25, plusieurs oiseaux de terre vinrent encore se reposer sur le vaisseau. Deux qui se laissèrent prendre à la main, tant ils étaient fatigués, étaient de la même espèce que ceux qu'on y avait vus quelques jours auparavant (*Mota cilla Œnanthe*).

Le 26, nos navigateurs virent de loin, pour la première fois, vers cinq heures du soir, un spectacle qui devait avant peu leur devenir familier. C'était une énorme montagne de glace qu'on apercevait au Nord-Est. Vers neuf heures, on n'en était qu'à 9 ou 10 milles, et on l'aurait prise pour un immense rocher de marbre blanc sortant du sein de la mer. Depuis quelques jours, la couleur de l'eau de la mer avait considérablement changé. Au lieu d'être d'un bleu clair, comme elle l'avait été depuis les îles de Schetland, elle était d'un brun pâle quand le temps était serein, et elle se troublait quand il était chargé de nuages ou de vapeurs, comme cela arrive à l'embouchure des grands fleuves. La gravité spécifique en diminuait de jour en jour : le 27, à six heures du soir, elle n'était que de 1027. 2, tandis que le 22 elle était encore de 1027. 68 ; et sa température était à 44°.

Le 28 et le 29, ils rencontrèrent beaucoup de glaçons et un grand nombre de montagnes de glace. L'une d'elles, la plus grande qu'ils eussent encore vue, avait le sommet couvert d'une masse de matière blanche de forme circulaire, qui ressemblait à une tour, et qui était sans doute une accumulation de neiges. Pendant la dernière de ces deux journées, on eut un agréable échantillon d'une fin de printemps dans les mers Arctiques; car il tomba de la neige et du grésil sans discontinuation. Les voiles ayant été mouillées se gelèrent complètement, et elles étaient ornées par le bas d'une multitude de petits glaçons en forme de franges. Pendant le peu de temps que le soleil passa sous l'horizon, le crépuscule donna assez de clarté pour qu'on pût distinguer les montagnes de glace jusqu'à une distance considérable. On n'était pourtant encore que sous le 62e dégré de latitude; et la nuit suivante ayant passé le 63e, on pouvait, dans le moment le plus obscur, lire sans peine l'écriture et le caractère d'impression le plus fin, et reconnaître distinctement, de la poupe du vaisseau, tous les traits de ceux qui se trouvaient à la proue.

Le 31, à deux heures du matin, on passa près d'une montagne de glace dont on s'assura que la hauteur était de 85 pieds, et le diamètre à la base, d'environ 518. Elle présentait un carré irrégulier, dont un des côtés était perpendiculaire; les autres offraient une pente vers la mer, jusqu'à environ dix à douze pieds de sa surface. Cette forme est celle de la plupart des montagnes de glace; mais il en est qui ont des formes si extraordinaires, qu'il serait presque impossible de chercher à en faire la description, et qu'on y voit tout ce qu'on veut y voir. Les gens de l'équipage prétendirent reconnaître dans une la forme d'un lion, dans l'autre celle d'un cheval accroupi; et la vive imagination des matelots prétendait y reconnaître le lion et la licorne qui se trouvent dans les armes du roi d'Angleterre, et en tirait un augure favorable.

On rencontra, le 1er juin, un plus grand nombre de baleines qu'on n'en avait encore vu. Elles étaient de l'espèce nommée baleines à nageoire (*Balœna physalus*); nom qui leur a été donné, parce qu'elles ont une nageoire sur le dos, caractère qui les distingue de la baleine noire (*Balœna mysticetus*). Elles sont aussi grandes que la baleine ordinaire, et le sont même quelquefois davantage; mais elles n'ont jamais la même épaisseur, et rarement elles sont couvertes de plus de cinq à six pouces de graisse. Il est aussi plus difficile de les tuer. Et ces deux circonstances font que les pêcheurs les attaquent rarement. Mais les Groënlandais préfèrent leur chair à celle de la baleine noire, et ce sont eux qui en font la plus grande destruction. Lorsqu'on en voit un nombre considérable, il est rare qu'on trouve la baleine noire dans les mêmes parages. C'est tout le contraire des veaux marins, et l'on en rencontra beaucoup dans la même journée. On tira sur plusieurs d'entre eux, mais sans aucun succès; car, blessés ou non, ils plongeaient dès que le coup était parti. On fut plus heureux à la chasse aux oiseaux: le temps étant fort beau, *l'Alexandre* envoya une barque près d'une montagne de glace où l'on en voyait un grand nombre, et l'on en tua de quatre espèces, le *Colymbus Troïle*, espèce de plongeon; le *Procellaria glacialis*, ou *Fulmar*; le *Larus rissa*, et le *Sterna Hirundo*, ou hirondelle du Groënland. On trouva dans un fulmar, un œuf sans coquille. Ils étaient tous extrêmement gros, surtout les deux premières espèces, qui avaient sous la peau une couche de graisse de près d'un quart de pouce d'épaisseur. La nature semble avoir pris cette précaution, et avoir couvert leur poitrine d'un épais duvet, pour les mettre à l'abri des rigueurs du froid. On vit aussi le lendemain des troupes nombreuses de ces oiseaux que les marins anglais nomment *Rotges*, et auxquels Pennant dans sa Zoologie Arctique donne le nom d'*Alca Alle*. C'est un joli petit oiseau ressemblant parfaitement à la description que ce naturaliste en a donnée. On n'en tua qu'un seul, et il se trouva fort bon à manger.

Les deux navires se trouvaient alors au milieu des glaces de toute espèce; car il est bon de savoir que les anglais leur donnent des dénominations différentes, d'après leur forme et leur étendue; cette nomenclature nous paraît assez curieuse pour l'offrir à nos lecteurs.

On appelle îles ou montagnes de glaces, ces masses énormes semblables à des rochers qu'on trouve tantôt flottantes, tantôt stationnaires dans le détroit de Davis, et souvent aussi dans les mers du Groënland.

Un *pack* ou un paquet, est la réunion d'une multitude de glaçons séparés d'abord, mais joints ensuite par la gelée, et en si grand nombre, qu'on ne peut en voir la fin. Cette collection prend le nom de *patch* (mouche), quand on peut voir au-delà, et qu'elle a une forme circulaire ou polygone; celui de *stream* (courant ou rivière), quand elle s'étend en parallélogramme, quelque peu de largeur qu'elle puisse avoir.

Un *field* ou champ, est une plaine de

glace unie, et d'un seul morceau, d'une telle étendue qu'on n'en puisse voir la fin du haut du mât.

Les glaçons de grandes dimensions, mais moindres que les *champs*, se nomment *floes*, terme pour lequel nous ne trouvons aucun équivalent en français.

On dit que la glace est *loose*, *open* ou *drift*, c'est-à-dire lâche, ouverte ou détachée, quand elle est en morceaux séparés, qui n'empêchent pas un bâtiment de passer à travers.

On appelle *hummocks*, ou monticules, les élévations qui peuvent exister sur un *champ* de glace ; et *calf*, les creux qui peuvent s'y trouver : dénomination assez singulière, puisque ce dernier mot ne signifie qu'un *veau* ou le *gras de la jambe*.

On distingue aussi la glace de terre et la glace de mer. La première tient au rivage ; la seconde en est entièrement détachée.

M. Scoresby prétend qu'il est facile de distinguer la glace d'eau douce de la glace d'eau de mer, parce que la première est toujours noirâtre dans la partie qui flotte dans la mer, et d'un beau vert dans la partie qui est exposée à l'air. Cependant, un fragment détaché d'une montagne de glace, le 1er juin, ayant été fondu à bord de *l'Alexandre*, l'eau s'en trouva parfaitement douce, quoique la glace ne fût ni verte ni noirâtre, mais d'une blancheur de cristal dans la partie exposée à l'air, et tirant sur le bleu dans celle qui était au niveau de la mer.

Le 3 juin, entre midi et une heure, *l'Alexandre* vît les côtes du Groënland, qu'on avait aperçues indistinctement trois jours auparavant, du haut du mât. On en était encore trop loin pour bien les reconnaître; car on n'en approcha pas de plus près que de cinquante milles, d'après l'évaluation qui fut faite de la distance, à bord de *l'Isabelle*.

On en vit pourtant assez pour se convaincre de la nature sauvage et stérile de cette partie de la côte. Les marins qui ont été long-temps entre le ciel et l'eau, jettent ordinairement les yeux avec enthousiasme sur la première terre qu'ils aperçoivent; mais en cette occasion on en détournait ses regards, et l'on était effrayé de l'aspect horrible de montagnes si escarpées que ni la neige ni la glace ne pouvaient s'arrêter sur leurs flancs, dont la tête était couverte d'un épais brouillard qui empêchait la vue de s'élever jusque-là, et aux pieds desquelles on entrevoyait d'affreux précipices.

On reconnut que cette partie de la côte est placée sur les cartes trop à l'Est, de plus de deux degrés, suivant les chronomètres, à moins que les vaisseaux n'en fussent plus éloignés qu'on ne le supposait.

Le temps s'étant éclairci le lendemain, on distingua la terre beaucoup mieux que la veille, quoiqu'on en fût à peu près à la la même distance. Mais elle ne gagnait rien à être vue plus distinctement. De tous côtés, dans l'intérieur, on apercevait des sommets de montagnes qui se terminaient en pointe, et paraissaient de la même hauteur. Elles étaient séparées par d'étroites vallées couvertes, ou, pour mieux dire, remplies de neige, aussi loin que la vue pouvait s'étendre. Tels étaient les seuls objets qu'on aperçût.

Les deux jours suivans, le vent étant contraire, on fut obligé de courir des bordées entre la glace et la terre. L'espace qui les séparait n'était guère que de 80 à 90 milles; car, pendant toute la journée, on avait en vue l'une ou l'autre. On est toujours averti qu'on approche de la glace quelque temps avant de la voir, par une espèce de brouillard blanc, une sorte de reflet, qui s'étend le long de l'horizon, dans la direction où elle se trouve, et qu'on pourrait appeler l'avant-coureur de la glace. Ce brouillard ou reflet a, en général, la forme d'un segment de cercle, dont le côté convexe ou circulaire est la partie supérieure, et dont la plus haute élévation est d'environ cinq degrés. Avant d'arriver à un champ de glaces, on rencontre toujours des glaçons détachés, dont le nombre augmente à mesure qu'on en approche, de même que celui des oiseaux.

Du 6 au 9, les deux vaisseaux manœuvrèrent pour avancer au Nord ou au Nord-Ouest; mais ils trouvèrent des glaçons si nombreux et tellement serrés qu'il leur fut impossible de pénétrer à travers. Ils furent donc obligés de virer de bord, de se rapprocher de la terre, et de s'amarrer à une grande montagne de glace qui était stationnaire à 3 ou 4 milles de quelques petites îles situées à peu de distance des côtes du Groënland. La manière de s'amarrer à la glace est d'y creuser un trou dans lequel on fait entrer un fort crampon de fer attaché à un câble, et qu'on appelle une ancre à glace.

Ils n'y restèrent pas long-temps sans voir arriver près des navires un assez grand nombre d'Esquimaux dans leurs canots. Quelques-uns d'entre eux apportaient des oiseaux, des œufs et des peaux de veaux marins, comme moyens d'échange; les autres paraissaient n'avoir d'autre but que de satisfaire leur curiosité. Les objets qu'ils recherchaient le plus étaient les vêtemens, le fer, le tabac à fumer et les liqueurs spiritueuses. Au surplus, ils semblaient avoir envie de tout ce qu'ils voyaient; mais ils avaient si peu d'objets à donner en échange, que le commerce à faire avec eux était infiniment borné. Ils dirent que pas un bâtiment pêcheur n'avait encore pu, cette année, s'avancer plus au Nord, à cause des glaces; assertion qu'on regarda comme douteuse, et comme ayant pour objet de retenir plus long-temps les deux vaisseaux dans ces parages, dans l'espoir de pouvoir profiter du séjour qu'ils y feraient.

Ces Esquimaux semblaient un peu au-dessous de la taille ordinaire, mais vigoureux et bien proportionnés. Ils avaient en général la tête large, les lèvres épaisses, et le nez plat. On en vit pourtant une couple qui avaient la figure longue, et les os des joues très-saillans. Leurs yeux étaient enfoncés et petits, et leur teint était d'un olive foncé. Quelques-uns avaient de longues barbes, d'autres n'en avaient point, et semblaient s'être arraché tout le poil de la figure. Leurs cheveux étaient roides, durs et noirs comme du jais. La plupart de leurs vêtemens étaient de peaux de veaux marins, dont le poil était ordinairement tourné en dehors. Ils portaient des bottes faites des mêmes peaux, mais avec cette différence que le poil en était invariablement tourné en dedans.

Leurs canots étaient aussi des peaux de veaux marins, fortement attachées sur des châssis en bois. Ils avaient en général 16 à 18 pieds de longueur, mais étaient fort-étroits, ayant très-rarement plus de deux pieds de largeur. Leur forme ressemblait à celle d'une navette de tisserand, si ce n'est que les deux bouts sont légèrement courbés, et celui de derrière un peu plus que l'autre. Au milieu est un trou circulaire dans lequel le Groënlandais est assis, aussi tranquille en apparence, et craignant aussi peu d'être submergé, que s'il se trouvait sur la chaloupe la mieux construite. Ainsi placé, il attache autour de lui, sur les bords de ce trou, d'une manière solide et serrée, l'extrémité inférieure de l'espèce de tunique de peau de veau marin dont il est revêtu; et, par ce moyen, le canot se trouve à l'abri de l'eau, même dans la mer la plus houleuse. Leurs pagaies ont cinq à six pieds de longueur; elles sont minces dans la partie du milieu par où ils les tiennent, et larges à chaque extrémité. En frappant l'eau alternativement de chaque côté, ils fendent la mer avec une rapidité qui égale ou qui excède peut-être celle de la barque à rames la mieux manœuvrée. La légèreté de ces canots est telle, que, quand les naturels qui les montent se trouvent en danger d'être enfermés dans les glaces, ils sautent sur le premier glaçon et emportent facilement leur navire sur l'épaule ou sous le bras. Le bord en étant à fleur d'eau, ils y trouvent un autre avantage, c'est qu'ils peuvent s'approcher plus aisément des veaux marins et des oiseaux, sans en être aperçus.

Tout leur attirail de pêche et de chasse, consistant en javelines, en harpons et en lances, est placé devant eux dans leur canot, et derrière est une peau enflée qui est attachée à un harpon par une longue courroie, et qui leur offre deux avantages. L'un, c'est que le veau marin qu'ils ont harponné, entraînant après lui cette espèce de bouée, il leur est toujours facile de le suivre. L'autre, c'est que cet animal étant dans l'habitude de plonger dès qu'il se sent blessé, la résistance que lui oppose cette peau enflée contribue à épuiser ses forces, et le fait tomber plus promptement entre les mains du pêcheur.

D'après les observations qui furent faites pendant que les deux navires étaient amarrés à la montagne de glace, il paraît que cette partie de la côte du Groënland est placée de près de trois degrés trop à l'Est; car on trouva pour longitude 53° 42', tandis que les cartes indiquent 50° 50'. La latitude, par observation, était de 68° 22' 15" La variation, 67° 32'. Ces observations devaient être d'autant plus exactes, qu'étant faites sur la montagne de glace, les instrumens n'y éprouvaient pas les effets de l'attraction locale, qui agissait toujours sur eux plus ou moins, quand on les employait à bord des vaisseaux.

Les Esquimaux dirent que cette montagne s'était arrêtée en cet endroit l'année précédente. Elle avait en quelque sorte échoué sur leurs côtes. D'où venait - elle ? C'est ce qu'il serait difficile de dire. On peut cependant assurer qu'elle venait d'assez loin; car les basses terres des environs ne sont nullement propres à la formation de ces énormes masses qui étonnent les yeux et l'imagination. Plusieurs raisons portent à croire qu'il faut pour cela une eau profonde, et une côte élevée et perpendiculaire. D'abord, elles ont besoin, pour flotter, d'une eau plus profonde que celle qu'on trouve sur la partie de côte dont il s'agit. Ensuite, elles ont en général, comme on l'a déjà fait observer, un côté coupé perpendiculairement; ce qui peut faire croire qu'elles tenaient de ce côté, lors de leur formation, à quelque rocher coupé de la même manière, ou à quelque côte élevée et escarpée. Enfin, quoiqu'elles consistent en une glace compacte et solide, il est évident qu'elles sont formées de neige et de gresil, qui tombent du ciel ou du sommet de quelque haute montagne, et qui les augmentent peu à peu. Il est probable qu'il se passe plusieurs années avant qu'elles se séparent du rocher qui les a abritées; mais on ne peut guère douter qu'elles ne se forment de cette manière; car cette glace fondue donnait une eau parfaitement douce, et qui servait à la cuisine de nos navigateurs.

Ils firent un examen attentif de la montagne de glace à laquelle ils étaient amarrés, et trouvèrent sur l'un des côtés, à quelques pieds au-dessus de la surface de l'eau, un lit régulier de sable, mêlé de quelques grosses pierres, dont l'une paraissait peser près d'un tonneau. Cette circonstance parut rendre encore plus probable l'idée qu'on s'était faite de leur formation; car ce sable et ces pierres pouvaient s'être détachées des rochers auquel cette masse était fixée pendant sa croissance, et qui avait été ensuite recouverte de nouvelles couches de neiges et de glaces, jusqu'à ce qu'elle eût acquis la force nécessaire pour s'en séparer.

Pendant la nuit, les glaces s'approchèrent tellement des vaisseaux, qu'on jugea à propos de remettre à la voile pour tâcher de gagner une mer plus libre. Par ce terme la *nuit*, on ne doit pas entendre l'*obscurité*; car le soleil ne quittait plus l'horizon, et cette nuit même on obtint la latitude par le calcul de la hauteur du soleil à minuit.

Le lendemain 11, pour la première fois, depuis leur départ des îles de Schetland, les voyageurs eurent la satisfaction de voir des navires européens. C'étaient quatre bâtimens pêcheurs de Hull, qui leur apprirent qu'ils s'étaient avancés jusqu'à Disco, et qu'à l'ouest de cette île ils avaient trouvé la mer découverte ; mais qu'ayant voulu se diriger au nord, ils l'avaient trouvée gelée, à trois reprises différentes : ce qui les portait à croire que l'hiver devait avoir été très-rigoureux dans ces parages.

Le même jour, l'équipage de *l'Isabelle* tua un veau marin, qui pesait huit cent quarante six livres. Il avait, depuis le museau jusqu'à la queue, huit pieds de longueur, et cinq pieds quatre pouces et demi de circonférence. Il était de l'espèce appelée *Phoca barbata*. C'était un mâle, et il était si jeune, qu'à peine ses six dents de devant commençaient-elles à paraître. Son poil était court, épais, et d'un gris foncé. On en conserva la peau, et les os de la tête et des pieds. La chair était très-noire. On en mangea le cœur, dont le goût ressemblait à celui du bœuf, à l'exception du gras qui était aussi rance que de l'huile de baleine. On retira de cet animal environ seize gallons d'huile.

Le vendredi 12, dans l'après-midi, les deux vaisseaux s'amarrèrent à une autre montagne de glace, faute de vent, pour se frayer un passage à travers les glaçons. Dans un petit canal, rempli d'eau salée qui coulait jusqu'à une certaine distance à travers cette montagne, on trouva un grand nombre de clios et une autre espèce du genre des mollusques. Les premières avaient la forme et presque la taille d'un dez à coudre, étaient complètement gélatineuses, et se réduisaient presque à rien dès qu'elles étaient hors de l'eau. Les autres étaient de la grosseur d'un pois ordinaire, et noires comme le jais. On remarqua que les clios mangeaient cette dernière espèce. Malgré la petitesse de ces animaux, on dit que les baleines en font leur nourriture, et c'est pour cette raison que les marins les nomment tous, sans distinction d'espèces *manger de baleines*.

Dans l'après-midi, une jolie brise s'étant élevée, on mit à la voile, et l'on commença à se frayer un passage à travers les glaçons. Dans la soirée, l'atmosphère étant sereine, le ciel et l'eau présentèrent le spectacle le plus magnifique dont on puisse se faire une idée. Le firmament, à l'horizon, était bordé de légers nuages étincelans de lumière, dont les couleurs et la densité diminuaient graduellement, et faisaient place à un ciel d'azur. La mer, de son côté, ou pour mieux dire, les glaces dont elle était couverte, offraient un coup d'œil dont rien ne peut égaler la splendeur. On aurait pu se croire au milieu d'une plaine immense dont la vue ne pouvait atteindre le terme, remplie de masses énormes du plus beau marbre de Paros taillées dans des formes variées à l'infini; et l'œil passait avec surprise de ces montagnes brillantes, dont plusieurs s'élevaient à plus de cent pieds au-dessus de la surface des ondes, à des fragmens qui restaient à fleur d'eau, et qu'on n'apercevait, que parce que le soleil, qui n'était alors élevé que de quelques degrés au-dessus de l'horizon, les frappait de ses rayons, et ajoutait un nouvel éclat à cette scène imposante.

Pendant toute la journée du 13, les deux navires eurent un travail pénible, pour traverser des glaces accumulées. Certains morceaux avaient plus d'un demi-âcre d'étendue, et tiraient de cinq à dix brasses d'eau. Les plus petits glaçons se heurtaient sans cesse les uns contre les autres, laissaient entre eux de temps en temps un espace assez considérable d'eau libre ; et pour y arriver, il fallait à chaque instant virer et revirer, touer et remorquer les bâtimens. Vers onze heures, ils entrèrent enfin dans une mer découverte, ayant passé la chaîne de glaces rompues qui s'étendait depuis la terre, entre les îles sauvages et North-Bay, jusqu'au champ de glace qui couvrait la mer de l'autre côté. A midi, le centre de l'île de Disco étant au Nord, la mer parut libre aussi loin que la vue pouvait s'étendre du haut du mât.

Le 14 après-midi, les navires se trouvant près de l'île de Whale ou de la Baleine, arborèrent leurs pavillons, en l'honneur de l'établissement danois qui s'y trouve. L'inspecteur Flushe, gouverneur de cette île, se rendit à bord de *l'Isabelle*, qui le salua d'un coup de canon à son arrivée. C'était un homme encore jeune, ayant un air respectable, et qui était né en Norwège. On apprit de lui que l'hiver précédent avait été très-rigoureux, la mer s'étant gelée près de cette île dès le commencement de décembre, ce qui n'arrive ordinairement qu'à la mi-février. Love-Bay, que les Danois nomment God-Hauben, et le détroit de Waygatt, avaient été aussi couverts de glaces. M. Flushe résidait dans le Groënland depuis onze ans, et il avait remarqué que la rigueur du froid y augmentait. Le manque de provision avait réduit cette année le pays à une grande détresse, et l'on avait été obligé de tuer des chiens pour s'en nourrir, attendu que pendant l'hiver on ne pouvait se procurer de veaux marins pour la nourriture des Esquimaux. On lui fit à son départ un présent consistant en légumes et liqueurs, et l'on remit à la voile.

L'île de Whale, appelée par les Danois l'île de Cron-Prins, est située par 63° 54' de latitude, et 53° 30' de longitude. Il s'y trouve un bon havre. Elle est habitée par le gouverneur, sa femme et ses enfans, six Danois, et une centaine d'Esquimaux qui s'occupent, pendant la saison convenable, de la pêche de la baleine et des veaux marins; mais ils n'avaient pas pris une seule baleine, dans toute l'année.

Le lendemain, les deux vaisseaux voguèrent vers le Nord, toutes voiles déployées. L'île de Disco était en vue, et l'on n'apercevait d'autres glaces que quelques montagnes errantes. Un courant portait vers le Sud, à raison d'un quart de mille par heure. Des bâtimens pêcheurs annoncèrent qu'aucun d'eux n'avait pu s'avancer vers le Nord au-delà de 70° 30', et avertirent nos navigateurs qu'avant deux heures ils rencontreraient des glaçons au travers desquels ils pourraient passer; mais qu'à la hauteur de l'île de Hase ou du Lièvre, ils seraient arrêtés par un champ de glace.

Cette prédiction se vérifia de point en point. Les glaçons augmentaient en nombre et en grandeur à mesure qu'on avançait, et bientôt on ne trouva plus qu'une espèce de canal étroit et tortueux, bordé par un champ de glace qui s'étendait du Nord au Sud. A huit heures du soir, on aperçut une chaîne de montagnes de glace présentant les formes les plus pittoresques. Une des plus grosses offrait le même phénomène que la fameuse tour de Pise; mais le sommet s'élevait par un plan encore plus incliné. Elle offrait en outre deux couleurs différentes, qui la partageaient perpendiculairement : l'une, d'un blanc brillant et argenté; l'autre, d'un bleu pâle tirant sur le vert. Là, les bâtimens s'amarrèrent à une montagne de glace, près de la côte Nord-Ouest de l'île du Lièvre, ou Waygatt, et ils furent obligés d'y rester cinq jours.

Le capitaine Sabine et le lieutenant Parry employèrent ce temps à faire diverses observations qui n'auraient pu avoir lieu à bord, et ils y passèrent trois jours sous une tente. A peu de distance de l'endroit où elle était placée on voyait les ruines d'une hutte, où Sackhouse dit que demeurait autrefois un Esquimaux qui s'était rendu redoutable à ses concitoyens par sa force extraordinaire. Sous un amas de pierres, à quelques pas de ces ruines, étaient des ossemens humains presque réduits en poudre, à l'exception d'une couple de crânes. On trouva aussi un morceau de *lapis ollaris*, qu'on reconnut avoir fait partie autrefois d'une espèce de jarre. Sackhouse dit que les naturels faisaient tous leurs vases de cette pierre. Elle était douce au toucher, et semblait grasse après avoir été grattée. Près du même endroit on trouva un morceau de bois bituminisé, et, le long du rivage, d'autres fragmens de bois qui paraissaient avoir été long-temps dans la mer. Une chose remarquable, c'est qu'ils étaient tous vermoulus; fait qui semble prouver, contre l'opinion de plusieurs naturalistes habiles, qu'il se trouve des vers dans les mers Glaciales, aussi-bien que dans celles des Tropiques.

A deux milles plus loin vers le Sud, sur une petite plaine située le long des bords de la mer, on trouva les ruines d'une autre hutte. On ne sait à quelle époque ces huttes étaient habitées; car ce que disait Sackhouse de l'Esquimaux qui s'était rendu formidable par sa force, n'était qu'une tradition qu'il tenait de son père. Il paraît qu'il ne s'y trouve plus d'habitans; et rien n'est moins surprenant, car cette île offre le site le plus sauvage que la nature ait pu former. Tout ce qui n'est pas couvert de neige ne présente qu'une surface hérissée de rochers et de grosses pierres détachées. On voit sur le haut des montagnes quelques plaines qui sont couvertes de sables. Là, croissaient des mousses et de chétifs arbrisseaux qui ne s'élevaient qu'à quelques pouces. Dans la petite portion des vallées où il ne se trouvait pas de neige, on voyait croître, au milieu de quelques touffes d'herbes, des bruyères communes et des saules nains et rabougris.

Les seuls quadrupèdes qu'on y vit furent deux ou trois lièvres blancs et un renard. La rigueur du climat ne semblait pas nuire à la croissance de ces animaux, surtout des premiers qui paraissaient avoir presque le double de la taille des lièvres d'Angleterre. Les oiseaux n'y étaient guère plus nombreux. On n'y vit que quelques coqs de bruyère blancs, des alouettes et des bécassines. Il est bon de remarquer qu'il n'y a que le coq de bruyère mâle qui soit blanc. Le plumage de la femelle ressemble beaucoup à celui de la perdrix d'Angleterre.

La plupart des rochers y sont composés d'une pierre de couleur noirâtre, dure, mais pourtant fragile, et dans laquelle il paraît entrer une portion de fer. Quelques autres sont d'une pierre qui a une apparence volcanique. On n'y voit pas de rochers de granit; mais on en trouve çà et là quelques masses détachées. On vit beaucoup de chalcédoines dans différens endroits, mais toujours en très-petits morceaux. Le minéral le plus utile qu'on y trouve est le charbon de terre, dont il existe un lit considérable, presque à la surface du sol, près du rivage; mais il est d'une qualité inférieure et argilleuse: on ne peut s'en servir qu'en le mélangeant avec d'autre. Les bâtimens pêcheurs y vont quelquefois en prendre une petite provision.

CHAPITRE III.

Départ de l'île de Waygatt. — Baie de Jacob. — Entrevue avec les naturels. — Leurs barques, leurs vêtemens, leurs traîneaux. — Bal à bord de l'Isabelle. *— Iles des femmes. — Découverte de la baie de Melville, des îles Sabine et Brown. — Prise d'une baleine par* l'Isabelle. *— Danger que courent les deux bâtimens entre les glaces. — Ils vont se radouber près de l'île de Bushnan.*

Le 20 juin, la mer étant un peu plus libre, les vaisseaux remirent à la voile; et s'avançant, non sans difficulté, à travers les glaçons, souvent en se faisant remorquer par leurs chaloupes, ils arrivèrent, le 22 avant midi, à la pointe des Quatre-Iles, située sous 70° 40' de latitude, par 54° 40' de longitude. Il s'y trouvait une maison en bois appartenant aux Danois; mais elle

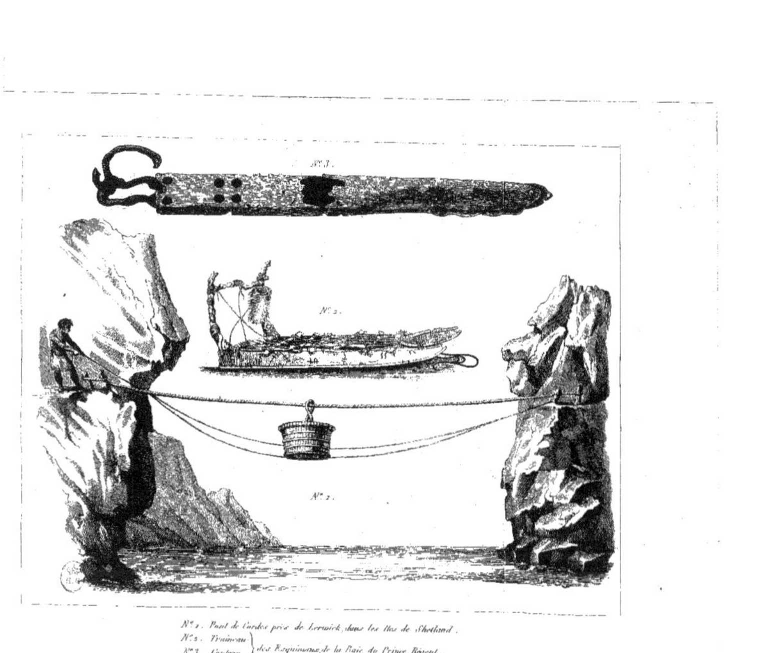

N°. 1. Pont de Cordes près de Lerwick, dans les Iles de Shetland.
N°. 2. Traineau
N°. 3. Couteau } des Esquimaux, de la Baie du Prince Régent.

était inhabitée, et l'on n'y vit ni Danois ni Esquimaux. Le 24, *l'Alexandre* pensa être entraîné sur la côte par un énorme glaçon. Heureusement des bâtimens pêcheurs, qui se trouvaient dans les environs, s'aperçurent du danger qu'il courait, et lui envoyèrent leurs barques assez à temps pour l'aider à s'en tirer. Dans la même journée, *l'Alexandre* trouva l'occasion de rendre le même service à l'un d'eux.

Le 26, ils furent encore arrêtés par les glaces au milieu de la baie dite du Nord-Est, au fond de laquelle est une ouverture nommée *la Baie de Jacob*. On ignore jusqu'où cette dernière baie s'étend dans l'intérieur. Aucun bâtiment pêcheur n'a jamais pénétré jusqu'au fond. Il y a quelques années, *le William*, de Liverpool, s'y était avancé assez loin, et y avait tué plusieurs baleines; mais en ce moment, elle était couverte de glace.

Le 27, *le Middleton*, bâtiment pêcheur d'Aberdeen, envoya au lieutenant Parry un jeune veau marin de l'espèce nommée *Phoca barbata*. Il est probable qu'il n'avait encore pris d'autre nourriture que le lait de sa mère; car lorsqu'un matelot s'approchait de lui, il saisissait son pantalon, et se mettait à le sucer. On le nourrissait d'une espèce de bouillie faite d'eau et de farine; mais il fallait la lui faire prendre de force : cette nourriture ne lui convenait probablement pas; car il dépérissait de jour en jour. C'était un des animaux les plus doux qu'on puisse voir, et il se laissait caresser comme un chien. Trois semaines après qu'il eut été pris, on le rejeta à la mer. Il plongea d'abord un instant, et revenant ensuite à la surface, il suivit long-temps le vaisseau comme s'il eût voulu qu'on le reprît à bord.

Le même jour, le lieutenant Parry se rendit par ordre du capitaine Ross à bord de *l'Aigle*, bâtiment pêcheur de Hull, pour faire une enquête sur la conduite de quelques gens de l'équipage qui avaient brûlé la maison appartenante à la factorerie danoise, à la pointe des Quatre-Iles. La seule excuse qu'ils eurent à donner fut que la maison était abandonnée, qu'elle avait été pillée et détruite en partie, et qu'ils avaient cru pouvoir en faire un feu de joie. Le maître de *l'Aigle* promit d'informer l'inspecteur général danois à la baie de Leifle, de ce qui s'était passé, de faire estimer le dommage, et de le faire payer par ceux qui s'en étaient rendus coupables.

Il y avait au Sud de la baie de Jacob, un établissement d'Esquimaux consistant en quelques huttes faites de peaux de veaux marins, et paraissant suffisantes pour la résidence d'une cinquantaine de personnes. On y envoya Sackhouse pour tâcher d'établir des relations avec les naturels, et il réussit. Sept canots se rendirent à bord des navires, et avec les Esquimaux était un Danois faisant partie de ceux qui demeuraient habituellement dans la maison brûlée par des gens de l'équipage de *l'Aigle*. Les Danois et les Esquimaux s'occupaient conjointement de la pêche. Les baleines étaient la part des premiers, et les autres avaient pour la leur les veaux marins dont la chair fait leur nourriture, et dont la peau leur fournit des vêtemens. Le capitaine Ross, désirant se procurer un de leurs traîneaux et quelques-uns de leurs chiens, leur offrit de leur donner un fusil rayé, s'ils voulaient lui en apporter un avec son attelage complet, ce qu'ils promirent de faire. Le capitaine leur offrit de leur remettre d'avance le fusil; mais ils refusèrent de le prendre avant de pouvoir fournir les objets demandés en échange.

Ils revinrent le lendemain, amenant le traîneau dans une barque, que quatre femmes conduisaient avec des rames. Elles avaient avec elles une jeune fille. Cette barque, qu'ils nomment *Umiack*, était construite des mêmes matériaux que leurs canots, c'est-à-dire, de peaux de veaux marins attachées sur un châssis en bois; mais elle était d'une forme différente, et pouvait contenir dix à douze personnes. Les femmes se tenaient debout en ramant. Leurs vêtemens ne différaient de ceux des hommes que par le bas; l'habillement de ceux-ci étant coupé droit tout autour de leurs corps, et celui des femmes se terminant en pointe arrondie par devant et par derrière, et étant orné d'une garniture de grains, et bordé en cuir rouge. Les hommes portaient des bonnets de peau de chien; mais les femmes avaient la tête nue, et leurs cheveux rassemblés sur le haut y formaient un nœud assez bien fait.

Deux de ces femmes étaient plus grandes que les autres; elles étaient filles d'un résident danois et d'une femme du pays. Si elles avaient été vêtues à la manière européenne, elles auraient pu passer pour jolies. Les autres femmes et les hommes ressemblaient beaucoup aux Esquimaux qu'on avait déjà vus, ayant la figure large, les yeux petits et enfoncés, le nez écrasé, les cheveux noirs, et le teint semblable à celui des mulâtres.

Le capitaine les fit entrer dans la cabane, et leur fit servir du café, tandis qu'on dessinait le portrait de quelques-uns d'entre eux. Ils retournèrent ensuite sur le tillac; et le joueur de violon ayant fait entendre quelques airs de danses écossaises, ils se mirent à danser de bon cœur avec les matelots.

« On ne saurait dépeindre la joie de Sackhouse à ce spectacle, dit le capitaine Ross : les connaissances supérieures qu'il avait acquises lui donnaient un air d'importance aux yeux de ses compatriotes, et il faisait les honneurs du bal avec la meilleure grâce possible. C'était une chose toute nouvelle que de voir un maître de cérémonies Esquimaux présider à un bal, sur le tillac d'un vaisseau de Sa Majesté, dans les mers glaciales du Groënland ; mais combien de gens auraient été embarrassés pour réunir comme lui les qualités si différentes de matelot, d'interprète, de dessinateur et de maître de cérémonies d'un bal, avec les talens nécessaires pour la pêche du veau marin, et la chasse de l'ours blanc.

« La plus jeune des filles du résident danois, âgée d'environ dix-huit ans, et sans contredit la plus jolie de toutes ses compagnes, fut l'objet de ses attentions particulières. Un de nos officiers s'en étant aperçu, donna à Sackhouse un schall orné de paillettes, afin qu'il pût lui en faire présent. Celui-ci le lui offrit d'une manière respectueuse, et qui n'était pas sans grâces. Elle l'accepta, et lui présenta en retour une bague d'étain qu'elle portait au doigt, le récompensant en même temps par un sourire agréable qui ne put laisser à notre Esquimaux aucun doute qu'il n'eût fait impression sur son cœur.

« Après le bal, je leur fis encore servir du café. Je leur donnai deux fusils rayés et quelques bagatelles, et je leur fis promettre de m'apporter un de leurs canots, que je jugeai pouvoir nous être utile sur la glace. Ils partirent paraissant fort contens de la manière dont ils avaient été reçus, et je permis à Sackhouse de les accompagner, afin qu'il accélérât leur retour, et qu'il cherchât à nous rapporter quelques échantillons d'histoire naturelle. »

Les chiens qu'ils avaient laissés étaient de différentes couleurs, noirs, gris, etc., et de la taille d'un chien de berger. Leurs oreilles étaient courtes et droites comme celles du loup. Leur harnois consistait en deux petites courroies passées, l'une autour du cou, l'autre autour du corps, derrière les pattes de devant. A ces courroies sont attachés les traits par lesquels ils tirent le traîneau, qui est grossièrement construit en bois de sapin. Il se compose de deux pièces de bois qui en forment les deux côtés, et dont le bout de derrière est courbé vers le haut. En travers sont de petites planches étroites, à peu de distance les unes des autres, et derrière sont quelques courroies travaillées en forme de réseau, sur lesquelles est assis le voyageur.

Le 2 juillet, une légère brise permettant aux vaisseaux de se remettre en mer, le capitaine Ross, surpris que Sackhouse ne revînt pas, fit tirer quelques coups de canon, pour l'avertir du départ; et ce signal ayant été inutile, il envoya à terre un canot, pour l'aller chercher. On le trouva couché dans la hutte d'un Esquimaux, par suite d'un accident qui lui était arrivé par sa propre faute, ou plutôt par son ignorance. En conséquence du principe que, *plus de poudre, plus tuer,* (pour nous servir de ses expressions), il avait mis double ou triple charge dans son fusil, dont le recul violent lui avait occasioné une légère fracture à la clavicule. Hors d'état de manœuvrer son canot, il n'avait pu revenir à bord ; on l'y ramena, et le chirurgien l'ayant pansé, assura qu'il serait guéri au bout de quelques jours.

Le 3 juillet, sous la latitude de 71° 30' 13", à environ 20 à 30 milles de la terre, nos navigateurs trouvèrent la mer assez libre : les bâtimens pêcheurs dont un grand nombre les avait accompagnés, prirent le large dans diverses directions, et il n'en resta que quelques-uns avec eux. Le 4, on aperçut au Nord les îles Woman, (Iles des Femmes) ; et le 5, deux naturels de ces îles se rendirent à bord de *l'Alexandre*. Ils annoncèrent que la mer était libre du côté du Nord, et dirent qu'ils n'avaient pas eu de glaces sur leurs côtes, tout l'hiver précédent. Il était difficile de concilier ce fait avec ce que les Danois avaient annoncé. Il fallait donc supposer, ou que l'hiver avait été moins rigoureux au Nord qu'au Sud, ou que les uns ou les autres avaient fait un faux rapport, soit par erreur, soit volontairement.

Le 7, sous 74° 7' de latitude et 58° 45' de longitude, on découvrit les trois îles décrites par Baffin. Elles sont, suivant le capitaine Ross, à environ neuf milles, et suivant l'officier, auteur de la seconde relation, à environ quatorze de la terre, qui forme en cet endroit une baie dans laquelle on voyait plusieurs autres îles qui ne sont marquées dans aucune carte. Elles ne peuvent pourtant être regardées comme faisant partie des Iles des Femmes; car elles en sont à plus de 50 milles. On y envoya une barque pour y chercher des œufs d'oiseaux de mer: on trouva une grande quantité de nids; mais les bâtimens pêcheurs les avaient déjà pillés.

Baffin a mal à propos nommé ce groupe d'îles les Trois-Iles, puisqu'il en existe quatre principales, sans parler de celles qui sont plus voisines de la terre; mais sa latitude est correcte, puisqu'il les place sous 74° 04'. La pointe la plus méridionale de la première se trouva à 74° 01'; ce qui assigne aux autres la position qu'il leur donne. L'exactitude de ses calculs à cet égard, ne fait pas peu d'honneur à sa mémoire.

Le 15 juillet après-midi, *l'Isabelle* se trouvait dans un canal étroit entre deux champs de glaces, embarrassé d'une multitude de glaçons, dont le nombre croissait à chaque instant. Enfin, deux d'entre eux, d'une grandeur prodigieuse, serrèrent tellement ce navire, qu'il fut élevé de plusieurs pieds hors de l'eau. Le choc dura un quart-d'heure; et après deux heures du travail le plus pénible, le bâtiment se trouva dans une mer plus libre, sans avoir souffert aucune avarie, grâce à la solidité de sa construction. Quelques jours auparavant le bâtiment pêcheur *les Trois-Frères*, de Hull, avait été frappé des deux côtés en même temps, avec une telle force, par deux énormes glaçons, qu'il fût coupé en deux. Heureusement tout l'équipage se sauva sur la glace, où il fut recueilli par d'autres bâtimens pêcheurs. « Si l'on fait attention, dit l'officier que nous avons déjà cité, à la violence qui doit résulter du choc de deux glaçons de trois pieds d'épaisseur, et quelquefois de plusieurs milles de circonférence, quand ils se meuvent en sens contraire, à raison d'un mille ou d'un mille et demi par heure, on concevra aisément le danger que court un navire dans cette situation, et combien il a peu d'espoir de résister à une pareille pression. Quelque incroyable que puisse paraître cette description, ce n'est pourtant pas un tableau tracé d'imagination, et nous avons vu bien des glaçons semblables à ceux dont je viens de parler. »

On essaya pour la première fois, le 17, les scies à glace dont les navires avaient été pourvus, et elles se trouvèrent très-utiles. En une demi-heure, on coupa un isthme de glace de quatre pieds d'épaisseur, sur une longueur de 72, ce qui facilita leur passage dans une eau moins embarrassée de glaçons. On fit aussi l'essai, le 21, d'un instrument inventé par le capitaine Ross, et fabriqué par l'armurier de *l'Isabelle*, pour ramasser les substances qui se trouvent au fond de la mer; et il répondit parfaitement à ce qu'il en avait espéré (1).

(1) Le capitaine Ross donne la description de cette machine; mais elle est inintelligible sans gravure;

Le même jour, *l'Everthorpe*, bâtiment pêcheur, fit prier le capitaine de lui envoyer un chirurgien pour donner des secours au maître de ce navire, qui avait eu la cuisse cruellement déchirée par un ours blanc blessé, qui l'avait attaqué dans sa chaloupe. Cet animal reçut trois coup de lance avant d'abandonner sa proie, et eut encore la force ensuite de se sauver à la nage. Les blessures, quoique profondes, ne se trouvèrent pourtant pas dangereuses.

Le 21, *l'Alexandre* passa à un demi-mille de distance de la carcasse d'une baleine flottante à fleur d'eau, et sur laquelle un nombre infini d'oiseaux prenaient leur repas. Ce n'était plus qu'une masse informe, et l'on ne pouvait la reconnaître pour une substance animale, qu'à l'odeur putride qu'elle exhalait. Le 23, tandis que ce bâtiment était amarré à une montagne de glace, *le Royal Georges*, de Hulle, en tua une dans les mêmes eaux. C'était une femelle de

en la décrivant, il renvoie à chaque instant à la gravure par des lettres et des chiffres, et elle ne se trouve pas dans son ouvrage.

moyenne grandeur, de 50 à 60 pieds, et d'une circonférence à peu près la même dans sa plus grande épaisseur. Elle n'avait que deux tétins beaucoup plus petits qu'on n'aurait pu le croire; car ils n'avaient guère qu'un pouce de diamètre et de longueur. Ils étaient placés de chaque côté des parties de la génération, dont l'orifice extérieur avait environ quinze pouces de longueur, et était placé au bas du ventre à peu de distance de la naissance de la queue. Ses yeux n'étaient pas plus gros que ceux d'un bœuf de taille ordinaire; la langue est une masse énorme de substance mêlée de chair et de graisse. Celle de cette baleine pouvait peser entre quatre et cinq tonneaux. Sa peau était noire, à l'exception d'une partie du dessous de la mâchoire inférieure qui était blanche, et elle se coupait aisément. Au lieu d'être disposée en couches longitudinales, comme la peau de la plupart des animaux, celle de la baleine est formée de fibres verticales ressemblant à une section transversale d'un morceau de bois. Au-dessous de la peau est la graisse, cause de toutes les persécutions de cet animal. L'épaisseur en varie suivant la grandeur de l'animal et les différentes parties du corps qu'elle couvre. Sur l'individu dont il s'agit, la couche la plus épaisse était d'un pied. Sous la graisse est une substance blanche et fibreuse couvrant la chair qui est de couleur noirâtre, et si tendre qu'on peut aisément la détacher avec la main.

« Le 24 juillet, dit le capitaine Ross, nous arrivâmes à un endroit entre lequel et le cap Dudley-Digges la terre n'avait encore été aperçue par aucun navigateur. »

C'était entre les 75 et 76 degrés de latitude. Le rivage y forme une grande baie, au milieu de laquelle s'élève un rocher très-remarquable par sa forme spirale, et auquel, ainsi qu'à la baie, le capitaine Ross donna le nom de Melville. Cette baie est située entre 75° 12′ et 76° de latitude. Elle était remplie de baleines, et le peu de bâtimens pêcheurs qui s'étaient avancés jusque là en tuèrent une grande quantité.

Dans la matinée du même jour, on découvrit plusieurs petites îles près du rivage.

Le capitaine Sabine alla les examiner avec plusieurs autres officiers, et on leur donna son nom. On y tua plusieurs oiseaux d'une espèce qui ne paraît pas avoir été connue jusqu'ici des naturalistes; du moins Linnée, Pennant et Montagu, dont les ouvrages étaient à bord des bâtimens, n'en parlent aucunement. Ils étaient même inconnus à Sackhouse, qui assura qu'il n'en avait jamais vu de semblables. Ils ont des marques caractéristiques très-prononcées. Le bec, qui a un pouce trois dixièmes de longueur, est noir, sauf l'extrémité qui est jaune. La partie supérieure est un peu recourbée vers le bout. Le dedans du bec est rouge. Le plumage de la tête, et d'une partie du cou, est de couleur de plomb, terminé par un collier noir. Le reste du cou, le dessous du corps et la queue sont d'un blanc de neige; le dos et les petites plumes des ailes d'un gris clair. Les cinq premières plumes des ailes sont noires et tachetées de blanc, les autres entièrement blanches, de même que celles du dessous des ailes. Les pattes sont noires, et les doigts sont joints par une membrane. On le nomma *Lurus Sabini* ou *Xema*.

Au Sud des îles de Sabine, et plus près encore de la terre, on en découvrit quatre autres qu'on nomma îles de *Brown*.

Le 25, l'équipage des deux vaisseaux était sur la glace, traînant avec des cordes l'*Isabelle* dans un archipel de glaçons bordé par un champ de glaces. Le joueur de violon marchait à la tête, à l'ordinaire, pour animer les matelots par les sons de son instrument, quand tout à coup la musique cessa de se faire entendre et le musicien disparut. Il était tombé dans la mer par une fente de la glace. Heureusement il était, comme les autres, attaché à la corde, et on l'en retira sans autre accident que d'être bien mouillé lui et son violon qu'il n'avait pas lâché.

Le 31, le temps étant calme, le capitaine Ross chargea une chaloupe d'aller harponner une baleine qui lui parut marquée d'une manière particulière, étant noire et blanche. Le premier harpon la frappa sur le dos, un peu derrière la nageoire gauche, et parut l'avoir grièvement blessée. Elle plongea aussitôt; et après qu'elle eut filé beaucoup de corde, on s'aperçut que la corde s'était détachée du harpon. On vit cependant reparaître la baleine à environ un mille et demi de distance, portant le harpon sur le dos, et c'était ce que les pêcheurs appellent *un poisson perdu*. Les chaloupes des deux bâtimens se mirent aussitot à sa poursuite en se dirigeant vers l'endroit où l'on s'attendait à la voir reparaître. Elle se remontra effectivement près de la chaloupe commandée par M. Ross, neveu du capitaine; et on la blessa mortellement de trois autres coups de harpon. Elle était épuisée et obligée de rester près de la surface, et quand elle venait à fleur d'eau, on voyait le sang jaillir à grands flots de ses blessures. Bientôt il ne lui resta plus que la force nécessaire pour faire un dernier et terrible effort, battant l'eau si violemment de sa queue et de ses nageoires, que les chaloupes furent obligées de s'en écarter. Enfin elle mourut, et on la remorqua en triomphe jusqu'à *l'Isabelle*.

C'était une baleine de 46 pieds de longueur. Le pénis, placé à deux pieds de l'anus, était enfermé dans un sillon profond dont les lèvres se joignaient, et cachaient cet organe, qui avait environ neuf pieds de longueur, six pouces de diamètre à sa base, et qui finissait en pointe à l'extrémité de l'urètre.

La machoire inférieure et le gosier étaient blancs; une ceinture blanche traversait l'abdomen entre le pénis et l'anus, et se joignait presque sur le dos. Le milieu de la partie inférieure de la queue était blanc. C'était en quelque sorte une baleine-pie.

On en recueillit la graisse suivant les procédés ordinaires, et l'on en remplit treize tonneaux, dont quatre furent envoyés à bord de *l'Alexandre*. C'était une provision pour l'hiver, si l'on était obligé de le passer dans les glaces. *Le Bon Accord*, d'Aberdeen, tua cinq baleines dans la même journée, et s'il y avait eu vingt bâtimens pêcheurs dans ces parages, chacun d'eux aurait pu en tuer autant, tant elles y était nombreuses. Le bruit qu'elles faisaient en soufflant ressemblait à celui de l'artillerie entendu dans l'éloignement.

Le 1er août la mer était couverte de baleines et de milliers de ces oiseaux marins que les matelots nomment *Rotges*, et les naturalistes *Alca-Alle*. On en tua environ 200, et l'équipage en trouva la chair de fort bon goût. Le 3, à dix heures, après avoir doublé le cap qui termine la baie, et qui fut nommé le cap de Melville, on vit au Nord-Est, un autre cap au Nord-Ouest, et une partie de l'équipage le prit pour le cap Dubley-Digger. Cependant, on reconnut peu après que ce cap faisait partie d'une île que le lieutenant Parry crut être l'île de Wolstenholme de Baffin, mais ni le capitaine Ross ni le capitaine Sabine ne partagèrent cette opinion, la latitude n'en étant pas la même.

Les bâtimens étaient entourés de glaces; mais le 5 elles se mirent en mouvement: il se forma une petite ouverture, et le capitaine espéra pouvoir forcer le passage. On fit environ un mille à travers les glaçons; mais alors le canal devenant plus étroit, il fallut avoir recours à la scie. On y travailla quelque temps; mais un autre passage paraissant s'ouvrir vers l'Est, les deux vaisseaux s'empressèrent de cingler de ce côté. On ne put pénétrer bien avant; et le 6, à six heures et demie du matin, il ne resta d'autre espoir que de forcer le passage du côté du Nord, où les glaçons paraissaient moins nombreux. Mais le canal était tellement obstrué de glaces énormes, que tous les efforts devinrent inutiles; il fut impossible de forcer le passage. Un immense champ de glace s'était arrêté sur un des flancs de *l'Isabelle*, tandis que de l'autre côté d'immenses glaçons flottaient rapidement avec un mouvement circulaire. La pression continuant à augmenter, c'était en quelque sorte un assaut de forces entre le navire et la glace, et les poutres placées trauversalement à fond de cale commençaient à plier. En ce moment critique, lorsqu'il semblait impossible que le bâtiment résistât plus long-temps, il fut élevé à plusieurs pieds, tandis que la glace, épaisse de six pieds se brisait avec fracas contre ses flancs. Sa plus grande force agissait alors contre la proue de *l'Isabelle*, qui fut soulevée une seconde fois, et repoussée avec violence contre *l'Alexandre* qui suivait à peu de distance. Tous les efforts pour prévenir le choc des deux navires ne purent l'empêcher; les ancres à glace et les cables se rompirent l'un après l'autre, et les deux vaisseaux se heurtèrent si violemment qu'ils mirent en pièces une chaloupe qui les séparait, et qu'on ne put retirer à temps. Le choc fut terrible, et le danger devenait à chaque instant plus imminent, quand, par l'intervention de la providence, la fureur des glaces parut épuisée. Les deux champs de glace s'écartèrent, et les deux bâtimens se trouvèrent libres, sans avoir éprouvé des avaries considérables. *L'Alexandre* fut celui qui souffrit le plus, parce que, indépendamment des glaces, il avait eu à soutenir le choc de *l'Isabelle*.

Ni les maîtres ni aucun des marins qui avaient déjà servi dans les mers du Groënland, ne s'y étaient jamais trouvés dans un si grand péril; et ils déclarèrent tous qu'un bâtiment pêcheur ordinaire aurait infailliblement péri.

Le danger n'était pourtant pas encore entièrement passé. Le vent était violent, et les glaçons recommencèrent à rouler avec rapidité, tandis qu'une neige épaisse ne permettait pas de voir à cinquante toises. Un immense champ de glace avançant du côté des vaisseaux les menaçait du même péril auquel ils venaient d'échapper. On résolut de former avec la scie une espèce de baie dans un autre champ de glace, pour y chercher un abri; mais la glace se trouva trop épaisse, même pour les scies de neuf pieds. Il fallut donc y renoncer : et ce fut un grand bonheur; car on reconnut que le champ auquel on s'était amarré dans ce dessein se portait avec rapidité, par un mouvement circulaire, vers une ligne formidable de montagnes de glace stationnaires; et au bout de quelques minutes on vit précisément la partie qu'on avait essayé de scier, heurter une de ces montagnes avec tant de violence que la glace en se brisant rejaillit à plus de cinquante pieds de hauteur : les énormes fragmens retombèrent avec un fracas épouvantable, et couvrirent de ruines l'endroit où l'on avait voulu se mettre à l'abri du danger.

Bientôt après, les glaçons s'ouvrirent de manière à permettre aux bâtimens de passer la ligne de montagnes de glace. On vit les côtes du Groënland, on amarra les bâtimens à la glace de terre, qui, se réunissant d'un à côté ces montagnes, formait une baie où l'on était en sûreté; et l'on s'occupa à réparer les avaries qu'on avait souffertes dans cette journée de fatigues et de périls.

Pendant ce temps, le capitaine Sabine et quelques autres officiers allèrent reconnaître la terre la plus voisine qui paraissait à environ six milles. M. Bushnan reconnut que c'était une île, et on lui donna son nom. C'était un lieu de désolation. Cependant quelques piles de pierres arrangées comme celles qui couvrent ordinairement les tombeaux des Esquimaux, firent penser qu'elle avait été habitée autrefois. On y trouva aussi une tige de bruyère, brûlée par un bout; et Sackhouse dit que c'était l'instrument dont les Esquimaux se servent pour relever la mèche de leurs lampes. La végétation y était presque nulle. On rapporta pourtant à bord quelques échantillons de *Papaver nudicaule*, de *Ranunculus*, et d'une herbe fort courte.

Le 8 à minuit, il s'éleva une légère brise, et les vaisseaux remirent à la voile.

CHAPITRE IV.

Découverte d'une nouvelle peuplade d'Esquimaux. — Leur frayeur à la vue des deux vaisseaux. — Idées qu'ils s'en forment. — Entrevue avec eux. — Sackhouse comprend leur langage. — On les décide à approcher des vaisseaux. — Ils montent à bord de l'Isabelle. — *Surprise que leur cause tout ce qu'ils y voient.*

Nos voyageurs n'avaient encore fait que peu de chemin, lorsque le 9 août, par 75° 55′ de latitude, sur 65° 32′ de longitude, ils furent surpris de voir sur la glace plusieurs hommes qui semblaient appeler les vaisseaux. Leur première idée fut que c'étaient des matelots naufragés, appartenant sans doute à quelque bâtiment qui les avait suivis, et qui avait été brisé par les glaces dans le dernier ouragan qui avait été si près de leur être fatal. Ils arborèrent aussitôt pavillon, et se dirigèrent vers le rivage. En approchant de la glace, ils découvrirent que c'étaient des naturels traînés par des chiens sur des traîneaux d'une construction grossière, et qui les dirigeaient en avant et en arrière avec une rapidité surprenante. Lorsqu'ils furent à portée de la voix, Sackhouse les héla dans sa propre langue. Les naturels répondirent quelques mots, et Sackhouse leur répliqua de nouveau dans la langue des Esquimaux ; mais ils paraissaient de part et d'autre ne pas s'entendre le moins du monde.

Pendant quelque temps, ils continuèrent à nous regarder en silence ; mais lorsque les vaisseaux virèrent, ils poussèrent tous ensemble un grand cri, accompagné de gestes bizarres, et s'éloignèrent du côté de la terre dans leurs traîneaux avec une rapidité incroyable. Lorsqu'ils furent à la distance d'un mille ou davantage, ils s'arrêtèrent pendant environ deux heures. Le capitaine Ross ne l'eut pas plutôt remarqué, qu'il envoya une chaloupe déposer sur la glace différens présens, consistant en couteaux et en divers vêtemens. Mais ils ne les virent pas, ou du moins ils ne parurent pas y faire attention; et une seconde chaloupe, envoyée au même endroit, y laissa un des chiens esquimaux portant autour de son cou plusieurs rangs de grains bleus.

Comme il était nécessaire d'examiner s'il y avait un passage dans cet endroit, le capitaine profita de leur absence pour se diriger vers le haut de la baie, dont il était éloigné d'environ quatre milles, espérant que dans l'intervalle ils reviendraient au même endroit où il avait aussi l'intention de revenir, après avoir examiné les probabilités d'un passage vers le Nord. N'ayant pas trouvé d'ouverture, il revint après une absence de dix heures. Le chien dormait à la même place où on l'avait laissé, et les présens étaient intacts. On aperçut bientôt à une grande distance un seul traîneau, qui s'éloigna aussitôt avec rapidité.

Ayant le plus grand désir d'avoir quelques communications avec les naturels, le capitaine fit préparer un poteau où l'on attacha un drapeau sur lequel on avait peint le soleil et la lune au-dessus d'une main tenant une branche de bruyère (seul arbrisseau qu'en eût vu sur la côte). Ce poteau fut porté sur une montagne de glace à mi-chemin, entre les vaisseaux et le rivage; il y fut érigé, et l'on y attacha à portée de la main un sac contenant des présens, et sur lequel était peinte une main montrant un vaisseau. Les vaisseaux furent amarrés en même temps dans une situation favorable pour observer ce qui pourrait arriver.

Le vent était alors entièrement apaisé; le temps était devenu superbe, et l'eau était calme et tranquille : circonstances qui retinrent momentanément nos voyageurs dans cette position, que, malgré les ordres précis qu'ils avaient reçus de faire toute la diligence possible, ils auraient été fâchés de quitter, tant qu'il restait quelque espoir d'avoir des relations avec un peuple jusqu'alors inconnu.

Le 10 août, vers dix heures du matin, ils aperçurent huit traîneaux conduits par les naturels, qui avançaient par une route détournée vers l'endroit où étaient les vaisseaux. Lorsqu'ils en furent à environ un mille, ils s'arrêtèrent, et, descendant de leurs traîneaux, ils gravirent une petite montagne de glace, comme pour faire une reconnaissance. Après être restés en apparence en consultation pendant près d'une demi-heure, quatre d'entre eux descendirent, et se dirigèrent vers le poteau qui avait été planté la veille. Ils s'arrêtèrent cependant à quelque distance, et paraissaient ne pas oser approcher davantage. Voyant leur indécision, Sackhouse offrit d'aller seul et sans armes à leur rencontre. C'était de sa part un acte d'intrépidité d'autant plus remarquable, que les Esquimaux du Midi sont fermement persuadés qu'il existe dans les montagnes du Nord une race de géans extrêmement féroces, et grands cannibales ; et il partageait naturellement l'opinion de ses compatriotes. Il arriva cependant. Mais peut-être ne fut-il pas plus fâché que les naturels, qu'à l'endroit où ceux-ci s'étaient arrêtés, la glace se fût séparée, et eût laissé un canal de quelques pieds de largeur qu'il était impossible de passer sans planches; de sorte que les deux partis se trouvaient séparés, et n'avaient réciproquement aucune attaque à craindre.

Sackhouse ne montra pas moins d'adresse que de courage pour exécuter son entreprise. Il avait pris, avant de quitter le vaisseau, un petit drapeau blanc et quelques présens, afin d'entrer, s'il était possible, en pourparler avec eux. Il commença par planter son drapeau à quelque distance du canal; puis s'avançant sur le bord, il ôta son chapeau, et fit signe aux naturels d'approcher comme lui. Plusieurs se rendirent jusqu'à un certain point à ses désirs; et, s'arrêtant à la distance d'environ trois cents *yards*, ils descendirent de leurs traîneaux, et poussèrent ensemble un cri prolongé auquel Sackhouse répondit en l'imitant. Ils se hasardèrent à approcher un peu plus, n'ayant dans leurs mains que les fouets avec lesquels ils guident leurs chiens; et après s'être convaincus qu'on ne pouvait traverser le canal, l'un d'eux surtout parut acquérir de la confiance. Sackhouse eut tour à tour recours aux cris, aux gestes, aux paroles, pour se faire comprendre ; et, au bout d'un certain temps, ils parurent réciproquement reconnaître un peu la langue l'un de l'autre. Sackhouse crut découvrir qu'ils parlaient le dialecte Humouke, quoiqu'ils traînassent leurs mots à un point extraordinaire. Il adopta aussitôt ce dialecte ; et, leur présentant les présens, il leur cria : *Kahkeite*, « approchez ! » Ils répondirent, *naakrie*, *naakrie rai-plaite*, « non, non, allez-vous-en, » et d'autres mots, dont le sens était : qu'ils espéraient qu'il n'était pas venu pour les faire périr.

Le plus hardi de la troupe s'approcha alors jusqu'au bord du canal, et tirant de sa botte un couteau, il répéta : « Allez-vous-en. Je puis vous tuer. » Sackhouse, sans se laisser intimider, leur dit qu'il était aussi un homme et un ami ; et en même temps il jeta de l'autre côté du canal quelques rangs de grains et une chemise à carreaux. Mais ils regardèrent ces objets avec beaucoup de crainte et de défiance, et répétèrent encore : « Allez-vous-en, ne nous tuez pas. » Sackhouse leur jeta alors un couteau anglais, en disant : « Prenez cela. » Ils s'approchèrent avec précaution, ramassèrent le couteau, puis poussèrent un cri et se tirèrent le nez. Ces actions furent imitées par Sackhouse qui, à son tour, s'écria : « *Hai-yau!* » et en prononçant ces mots, il se tira le nez de la même manière. Ils montrèrent alors du doigt la chemise, en demandant ce que c'était. Et lorsqu'ils apprirent que c'était un vêtement, ils demandèrent de quelle peau elle était faite. Sackhouse répondit qu'elle était faite du poil d'un animal qu'ils n'avaient jamais vu. Ils la prirent alors dans leurs mains en manifestant une grande surprise ; puis ils se mirent à faire une multitude de questions; car la langue qu'ils parlaient avait assez de rapport avec celle de Sackhouse pour qu'ils pussent s'entendre passablement.

Ils montrèrent d'abord les vaisseaux en demandant vivement : « Qu'est-ce que ces grandes créatures? Viennent-elles du soleil ou de la lune? Nous donnent-elles la lumière, le jour ou la nuit? » Sackhouse leur dit qu'il était un homme; qu'il avait un père et une mère comme eux; et montrant le Midi, leur dit qu'il venait d'un pays éloigné dans cette direction. Ils répondirent que cela ne se pouvait pas, qu'il n'y avait là rien que de la glace. Ils demandèrent alors de nouveau ce que c'étaient que ces créatures, en montrant les vaisseaux. Sackhouse répondit que c'étaient des maisons faites en bois. Ils parurent ne pas le croire, et s'écrièrent : « Non, elles sont vivantes; nous les avons vues agiter leurs ailes. » Sackhouse leur demanda à son tour ce qu'ils étaient eux-mêmes. Ils répondirent qu'ils étaient hommes, et qu'ils demeuraient dans cette direction (indiquant de la main le Nord); qu'il y avait beaucoup d'eau là, et qu'ils étaient venus ici pour pêcher des licornes de mer. Il fut convenu, à la fin de cet entretien, que Sackhouse passerait le canal pour se rapprocher d'eux; et en conséquence il retourna au vaisseau pour faire son rapport, et demander une planche.

« Pendant toute cette conversation, dit le capitaine Ross, j'observais tous leurs mouvemens, un télescope à la main. Je vis le premier qui s'avança approcher d'un air de crainte et de défiance, se retournant à chaque instant vers ses deux compagnons, et leur faisant signe d'avancer, comme s'il voulait s'assurer leur appui. Ils se retiraient par fois, puis avançaient de nouveau d'un pas timide, et semblaient écouter. Ils avaient généralement une main posée sur le genou, prête à tirer un couteau qu'ils avaient dans leurs bottes, tandis que de l'autre ils tenaient leurs fouets. Leurs traîneaux étaient à quelque distance, et le quatrième naturel semblait être resté auprès pour les garder, et tenir tout disposé pour la fuite. Quelquefois ils rejetaient en arrière l'espèce de capuchon qui leur couvrait la tête, comme pour entendre les sons plus distinctement; et je pouvais alors distinguer leurs traits, où se peignaient une vive terreur et un profond étonnement, tandis qu'à chaque pas qu'ils faisaient, ils semblaient trembler de tous leurs membres. »

Sackhouse reçut l'ordre de chercher à les attirer du côté du vaisseau, et deux hommes allèrent poser une planche à travers le canal. Les naturels parurent toujours très-alarmés, et demandèrent que Sackhouse fût le seul qui le traversât. Celui-ci passa aussitôt sur la planche, et les naturels le prièrent instamment de ne pas les toucher, parce que autrement ils étaient sûrs de mourir. Après qu'il eut employé beaucoup d'argumens pour les convaincre qu'il était de chair et de sang, le naturel qui avait montré le plus de courage se hasarda à lui toucher la main; puis se tirant le nez, il poussa un grand cri qui fut répété par ses compagnons et par Sackhouse. Les présens consistant en quelques vêtemens, et en quelques rangs de grains, furent ensuite distribués entre eux; après quoi Sackhouse échangea un couteau contre un des leurs.

Le capitaine Ross, croyant remarquer que le fidèle Esquimaux ne réussissait pas à les persuader d'approcher du vaisseau, et cédant à l'espoir d'obtenir d'eux quelques renseignemens importans, ainsi qu'à l'intérêt qu'inspiraient naturellement ces pauvres naturels, résolut de se rendre, avec le lieutenant Parry, à l'endroit où se tenait la conférence. Ils se munirent de nouveaux présens, consistant en miroirs, en couteaux, en bonnets et en chemises, et se dirigèrent vers le lieu de la réunion. Lorsqu'ils y arrivèrent, tous les naturels étaient rassemblés ; et ceux qui s'étaient d'abord tenus à l'écart avec leurs traîneaux, étaient venus rejoindre leurs compagnons. Ils se trouvaient alors au nombre de huit, chacun ayant son traîneau, auquel étaient attelés quatre ou cinq chiens. De l'autre part étaient Sackhouse, le capitaine Ross, le lieutenant Parry, et deux matelots. Ce qui formait un groupe assez original, dont l'effet était encore augmenté par la singularité de la position et par le lieu de la scène, un champ de glace, éloigné des terres. Il est aisé de se figurer le bruit et le tapage occasioné par une semblable réunion ; tous les hommes parlant et criant ensemble, tandis qu'une cinquantaine de chiens leur répondaient par leurs aboiemens, et que les naturels les frappaient de leurs longs fouets pour les maintenir dans l'ordre.

L'arrivée des deux nouveaux venus causa une alarme visible, et les fit reculer de quelques pas vers leurs traîneaux. Sackhouse, pour les arrêter, cria au capitaine de se tirer le nez; car il avait découvert que c'était leur manière amicale de saluer. Cette cérémonie fut en conséquence accomplie par chacun des Anglais, et les naturels répétèrent le même geste, dont nos voyageurs n'avaient pas d'abord compris le motif. Ceux-ci imitèrent pareillement leurs cris le mieux qu'il leur fut possible, faisant usage de la même interjection, *hai-yau!* expression qui, comme ils l'apprirent ensuite, indiquait le plaisir et la surprise. Ils s'avancèrent alors vers eux, et présentèrent à celui qui était le plus près un miroir et un couteau, présent qu'ils firent successivement à tous les autres, à mesure qu'ils se hasardèrent à approcher. L'étonnement des naturels, lorsqu'ils se virent dans les miroirs, fut excessif; et ils se regardèrent un moment l'un l'autre en silence: puis ils poussèrent aussitôt après un cri général, auquel succédèrent de grands éclats de rire;

ce qui paraît être leur manière de manifester leur satisfaction. Les voyageurs ne purent s'empêcher d'en faire autant, et démontrèrent par là qu'ils étaient fort contens de leurs nouveaux amis.

L'impression que cette scène burlesque fit sur Sackhouse fut si forte, que, quelque temps après, il entreprit d'en faire une esquisse; et il réussit en effet dans son entreprise. C'était le premier échantillon qu'il avait donné de ses talens pour la composition historique. Le dessin faisait bien partie des connaissances qu'il avait acquises depuis qu'il vivait avec les Européens; mais il ne l'avait jamais pratiqué qu'en copiant tous les dessins représentant des vaisseaux, ou des personnages isolés qu'il lui était possible de se procurer. Son esquisse, qu'il présenta au capitaine, dès qu'il l'eut terminée, ne pouvait certainement pas être regardée comme un chef-d'œuvre de l'art; mais elle avait du moins le mérite de représenter fidèlement la scène qu'il avait voulu peindre; et elle était d'autant plus étonnante qu'il ne l'avait pas faite sur les lieux, et que par conséquent il n'avait eu d'autre secours que sa mémoire pour représenter le lieu de la scène et les personnages.

Les naturels, s'armant enfin de courage, s'approchèrent à leur tour, et donnèrent, en échange des couteaux, des miroirs et des grains qui leur avaient été offerts, leurs propres couteaux, des cornes de Narwal ou Licorne, et des dents de chevaux marins. Sackhouse leur apprit alors que s'ils se découvraient la tête, ce serait donner une marque de respect et de bonne volonté à leurs nouveaux amis. Ils le firent aussitôt, et depuis ce moment la bonne intelligence s'établit complètement entre les Anglais et les naturels.

L'un de ceux-ci ayant demandé quel usage il pouvait faire d'un bonnet rouge qu'on lui avait donné, Sackhouse le plaça sur sa tête, au grand amusement des autres, qui voulurent l'essayer tour à tour. La couleur de la peau des Européens devint ensuite un grand sujet d'amusement pour eux; et les ornemens qui étaient sur le cadre des miroirs, ne les divertirent pas moins.

Le plus âgé d'entre eux, celui qui avait toujours montré le plus de courage, s'adressant au capitaine Ross, lui fit un long discours; et lorsqu'il eut fini, il parut attendre une réponse. Le capitaine tâcha de lui faire comprendre par signes qu'il ne l'entendait pas, et appela Sackhouse pour qu'il servît d'interprète. Le naturel s'aperçut ainsi que les étrangers parlaient une langue différente de la sienne; son étonnement fut extrême, et il l'exprima par un grand cri de *Hei ! yau!*

Sackhouse ne paraissant pas découvrir le sens de cette longue harangue, le capitaine, qui désirait les attirer sur le vaisseau le plutôt possible, lui dit de les engager à l'accompagner. Ils y consentirent. Leurs chiens furent déharnachés et attachés à la glace, et deux des traîneaux furent transportés de l'autre côté du canal. Trois des naturels restèrent pour garder les chiens et le reste des traîneaux. Les cinq autres suivirent le capitaine Ross et le lieutenant

Parry, qui montèrent sur les traîneaux, et se dirigèrent vers le navire. Les naturels rirent beaucoup en les voyant traîner par les matelots. L'un d'eux, marchant à côté du capitaine, précéda de beaucoup ses compagnons, et l'accompagna jusqu'à ce qu'il ne fut plus qu'à une centaine d'yards (1) du vaisseau. Alors il s'arrêta. Le capitaine lui fit signe d'avancer, mais inutilement. La terreur évidente qu'il éprouvait l'empêcha de faire un pas de plus, avant que ses compagnons l'eussent rejoint. On voyait qu'il croyait encore que le vaisseau était une créature vivante. Il regardait les mâts, en examinait toutes les parties, en donnant les plus grandes marques de crainte et d'étonnement. Il lui adressait la parole, criant à haute voix, et dans un langage que comprenait parfaitement Sackhouse : « Qui êtes-vous ? Qu'êtes-vous ? D'où venez-vous ? Est-ce du soleil ou de la lune ? » Il faisait une pause entre chaque question, et se tirait le nez avec la plus grande solennité.

(1) L'yard est une mesure anglaise, équivalente à trois pieds.

Ses compagnons le rejoignirent alors, et tous manifestèrent une égale surprise, faisant usage des mêmes expressions et accomplissant aussi la même cérémonie. Sackhouse fit tous ses efforts pour les convaincre que le vaisseau n'était qu'une maison de bois; et il leur montra une chaloupe qu'on avait transportée sur la glace pour la radouber, en leur expliquant que c'en était une plus petite de la même sorte. Cette chaloupe fixa aussitôt leur attention; ils s'en approchèrent et l'examinèrent de tous les côtés et dans le plus grand détail, ainsi que les rames et les outils des charpentiers. Chaque objet excitait alternativement les exclamations de surprise les plus plaisantes. Le capitaine donna l'ordre de la lancer à la mer. Elle était montée par un homme qui la dirigeait, et on la tira ensuite de nouveau sur la glace. A cette vue, leurs cris ne connurent plus de bornes. L'ancre à glace, grande pièce de fer, de la forme d'un *S*, excita aussi leur étonnement. Ils voulurent la porter; mais leurs efforts furent inutiles. Leur attention se dirigea ensuite sur le câble, et ils demandèrent vivement de quelle peau il était. Les *peaux* et les *os* semblaient être les deux substances qui leur étaient le plus familières ; et lorsqu'on leur assura que les mâts étaient de bois, ils ne pouvaient revenir de leur surprise. En effet, il n'est pas étonnant qu'un homme qui n'a jamais vu d'arbre, ni même d'autre arbrisseau que quelques bruyères ou des tiges de saule nain, dont la grosseur excède à peine celle d'une plume de corbeau, puisse s'imaginer qu'un mât soit fait avec la même matière.

Les officiers des deux vaisseaux se trouvaient alors tous rassemblés autour d'eux, tandis que l'avant de *l'Isabelle* qui était amarrée à la glace, était couvert des gens de l'équipage. Il est impossible de se figurer une scène plus plaisante, et cependant plus intéressante en même temps, que celle dont ils furent témoins ; et il ne le serait pas moins de donner à l'imagination l'idée même la plus éloignée de l'étonnement sauvage, de la joie et de la crainte, qui se peignaient successivement sur la figure de ces naturels, ainsi que dans leurs gestes et leurs exclamations. Chacun voulait imiter leurs cris et leurs éclats de rire, et s'empressait d'accomplir aussi la cérémonie de se tirer le nez; ce qui ne pouvait manquer d'augmenter encore l'alégresse générale. Mais ce qui absorba bientôt toute l'attention des naturels, ce fut un matelot qui grimpait aux cordages, et ils le suivirent des yeux, jusqu'à ce qu'il fût arrivé au haut du mât. Les voiles n'étaient pas tendues, et ils supposèrent naturellement que c'étaient des peaux.

Ils retournèrent alors auprès de la chaloupe, où le marteau et les cloux du charpentier étaient encore. On leur en montra l'usage, et dès qu'ils en connurent l'utilité, ils témoignèrent le désir de les posséder, et on leur donna quelques clous. Ils se rapprochèrent alors du vaisseau : une échelle de corde était suspendue à l'avant, et on leur montra la manière de s'en servir; mais on fut très-long-temps avant de pouvoir les décider à monter. A la fin, le plus âgé d'entre eux, qui donnait toujours l'exemple, monta sur le vaisseau, et fut suivi par les quatre autres. Les nouvelles merveilles dont ils se virent alors entourés de tous les côtés, redoublèrent leur admiration et leur surprise; ce qui, après quelques momens de silence et comme d'incertitude, était toujours suivi de grands éclats de rire.

Leur exclamation de surprise la plus fréquente était *hei! yau!* et lorsqu'elle était excitée particulièrement par quelque objet plus remarquable que les autres, ils prononçaient plusieurs fois la première syllabe, avec une rapidité et une emphase étonnante, étendaient leurs bras, et se regardaient l'un l'autre à la fin de l'exclamation, la bouche ouverte, comme hors d'haleine, et avec un air de consternation.

Ne connaissant, comme nous l'avons déjà dit, d'autre bois que quelques arbustes, dont la tige n'avait pas plus d'un pouce d'épaisseur, ils ne savaient que penser du bois de construction qu'ils voyaient à bord. Ne s'en figurant point la pesanteur, deux ou trois d'entre eux saisirent un mât de réserve, évidemment dans l'intention de l'emporter, et dès qu'ils se furent familiarisés avec ceux qui les entouraient, ils montrèrent le désir de posséder tout ce qu'ils voyaient, désir qui est si universel parmi les sauvages. La seule chose qu'ils regardèrent d'un air de mépris, fut un petit chien basset, qu'ils jugeaient sans doute trop petit pour être en état de tirer un traîneau. Mais ils reculèrent en frémissant à la vue d'un cochon des îles de Schetland, dont les oreilles droites et l'air farouche présentaient un aspect assez formidable. Cet animal s'étant mis à grogner, l'un d'eux fut si effrayé, que depuis ce moment il ne fut plus un instant tranquille, et manifesta une vive impatience de sortir du vaisseau.

Mais en accomplissant son dessein, son penchant naturel au vol se manifesta, et il essaya d'emporter l'enclume du forgeron. Voyant qu'il ne pouvait en venir à bout, il saisit le plus grand des marteaux, le jeta sur la glace, et descendant du navire, le plaça d'un air déterminé sur son traîneau et s'éloigna. Comme c'était un objet indispensable, le capitaine envoya un matelot pour le reprendre. Le matelot se mit aussitôt à la poursuite du coupable, en l'appelant à grands cris, et il fut bientôt près de lui. Se voyant sur le point d'être atteint, le naturel glissa adroitement le marteau sur la glace, et continua son chemin; preuve évidente qu'il sentait qu'il avait mal agi. Le matelot, trouvant le marteau, abandonna sa poursuite, et le voleur ne reparut pas de la journée. Bientôt après, un autre naturel, qui avait reçu un présent consistant en un petit marteau et en quelques clous, quitta aussi le vaisseau, et mettant son petit trésor sur le traîneau qui restait, il le tira après lui, et disparut.

L'inexpérience des naturels, et l'effet que produisait sur eux tout ce qu'ils voyaient de nouveau, étaient pour les officiers et les gens de l'équipage une source inépuisable d'amusemens. Leurs grimaces furent surtout très-comiques, lorsqu'ils se virent dans un miroir concave; et, comme les singes, après s'y être regardés, ils couraient derrière, dans l'espoir de trouver le monstre qui exagérait leurs gestes hideux. Un officier tint une montre à l'oreille de l'un d'eux, qui, supposant qu'elle était vivante, demanda si cela était bon à manger. Lorsqu'on leur montra le verre du binocle et d'autres instrumens, ils le touchèrent, et voulurent savoir si c'était de la glace, et de quelle espèce. Ils prenaient assez naturellement pour de la glace les verres et les miroirs de toute espèce. Pendant ce temps, l'un d'eux, se trouvant près des écoutilles, se baissa et aperçut le sergent de marine, dont l'uniforme rouge lui arracha une exclamation de surprise; tandis que ses grimaces et son accoutrement n'excitaient pas moins la gaieté des matelots qui, grâce à sa position penchée, découvrirent, pour la première fois, quelques particularités inattendues dans le costume des naturels (1).

(1) Le capitaine Ross ne nous dit point en quoi consistent ces *particularités* inattendues; mais nous trouvons dans la relation de l'officier à bord de *l'Alexandre*, un passage qui nous paraît en donner l'explication.

« Leurs culottes, si cette partie de vêtemens mérite de porter ce nom, ne montent que jusqu'au

Les trois naturels qui restaient à bord, furent alors conduits dans la chambre du capitaine, et on leur montra l'usage des chaises, qu'ils ne comprirent pas, paraissant ne connaître d'autre siége que la terre. Lorsqu'ils furent assis, le capitaine Ross, le lieutenant Hopner, M. Skene et M. Bushnan, essayèrent de faire leurs portraits ; et en même temps, de peur de les alarmer, il les amusaient par différentes questions posées de manière à en obtenir les renseignemens qu'il leur était le plus essentiel de se procurer, et qui seront détaillés plus loin. Lorsque les dessins furent achevés, et que Sackhouse leur eut fait toutes les demandes qui avaient paru les plus importantes, ils se mirent à leur tour à interroger, et demandèrent l'usage de tout ce qu'ils voyaient dans la chambre. On leur fit voir du papier, des livres, des dessins et différens instrumens de mathématiques, qui ne produisirent

haut de leurs cuisses ; le reste n'est couvert que par les pans leur habit : de sorte que, lorsqu'ils se penchent pour ramasser quelque chose, la partie supérieure se montre à découvert. »

que l'effet ordinaire de les étonner ; mais lorsqu'ils virent dans le voyage de Cook les gravures représentant les naturels d'Otaïti, ils essayèrent de les saisir avec la main, comprenant évidemment qu'elles représentaient des créatures humaines. La vue d'un bureau, d'un pupitre, et d'autres meubles de bois, excita aussi leur étonnement, mais seulement par la nature de la matière; car ils ne pouvaient se former aucune idée de l'usage auquel ils servaient.

On les conduisit alors à la sainte-barbe, et ensuite autour du vaisseau, mais sans qu'ils parussent distinguer rien en particulier, à l'exception du bois dont il était construit, et ils frappaient du pied sur le tillac, comme s'ils ne pouvaient revenir de leur surprise de voir une aussi grande quantité de bois rassemblés. Dans l'espoir de les amuser, on joua quelques notes sur le violon ; mais ils n'y firent aucune attention, et parurent ne s'inquiéter aucunement, ni des sons, ni des musiciens ; preuve suffisante que l'amour de la musique est un goût acquis, et qu'il faut de l'expérience pour que l'oreille apprenne à l'apprécier. On essaya ensuite l'effet que produirait la flûte, et cet instrument excita un peu plus leur attention ; sans doute parce que sa forme ressemblait davantage à celle des objets auxquels ils étaient accoutumés. L'un d'eux la porta à ses lèvres, et y souffla : mais il la jeta presque au même instant sur le tillac.

A leur retour dans la chambre du capitaine, quelques biscuits furent placés sur la table, et Sackhouse en mangea avant de leur en offrir. Il les engagea ensuite à l'imiter, et l'un d'eux en mit un morceau dans sa bouche; mais il le cracha aussitôt d'un air de dégoût. De la viande salée qui leur fut aussi offerte, produisit le même effet. Nous apprîmes alors positivement leurs noms. Le plus âgé s'appelait Ervick, et les deux autres, qui étaient les enfans de son frère, se nommaient Marshuick et Otouniah. M. Beverley fit ensuite quelques tours de gobelets, qui parurent les déconcerter; ils n'étaient pas à leur aise, et témoignèrent le désir de retourner sur le tillac. Lorsqu'ils y furent, les officiers, en leur montrant les morceaux de glace qui flottaient à l'entour, cherchèrent à découvrir jusqu'à quel nombre ils pouvaient compter, afin de s'assurer du nombre des naturels qui composaient leur nation. Mais ils s'aperçurent qu'ils ne pouvaient compter que jusqu'à dix; et lorsqu'on leur demanda si leur pays avait autant d'habitans qu'il y avait de morceaux de glace autour d'eux. Les naturels répondirent : « Bien davantage. » Il pouvait y avoir dans ce moment un millier de ces morceaux.

L'armurier avait alors achevé d'examiner les couteaux, et il pensa qu'ils étaient faits de morceaux de cercles de fer, ou de clous aplatis. Sackhouse fut chargé de leur demander si quelques planches ou autres débris de navire avaient jamais été jetés par les vagues sur la côte qu'ils habitaient. Ils répondirent qu'ils y avaient trouvé un morceau de bois, sur lequel il y avait quelques clous. Le capitaine en conclut que c'était avec ces clous qu'ils avaient fait les couteaux qu'ils lui avaient donnés, et pour le moment, il ne poussa pas plus loin les recherches.

A leur départ, ils furent chargés de différens présens, consistant en vêtemens, en biscuits et en morceaux de bois. Ils reçurent aussi la permission d'emporter la planche qui avait servi à traverser le canal. Ils se retirèrent alors, en promettant de revenir dès qu'ils auraient mangé et dormi; car il était impossible de leur faire comprendre ce que demain voulait dire. Au moment de la séparation, la cérémonie de se tirer le nez fut accomplie de part et d'autre avec beaucoup de solennité.

Après qu'ils eurent repassé le canal, quelques matelots qui les avaient accompagnés, remarquèrent qu'ils jetaient le biscuit, et brisaient en plusieurs morceaux la planche, qui était de sapin, afin de se la partager. Bientôt après, les naturels montèrent sur leurs traîneaux, et partirent tous ensemble en poussant de grands cris de joie.

CHAPITRE V.

Chute d'une montagne de glace. — Seconde entrevue avec les naturels. — Leurs traîneaux. — Leurs chiens. — Fer qu'on leur trouve, son origine. — Troisième entrevue avec eux. — Leur répugnance à entrer dans une chaloupe. — Leur danse et leur chant. — Ils reviennent une quatrième fois. — Refus de les recevoir à bord. — Départ de la baie du Prince-Régent.

La glace se sépara le 11 août, et la direction qu'elle suivait indiquant l'approche d'un vent du Sud, les vaisseaux furent obligés de quitter leur position. Après avoir passé à travers beaucoup de canaux étroits et de glaces flottantes, et avoir fait sept milles vers l'Ouest, ils s'amarrèrent à une montagne de glace considérable, qui touchait à la terre à une profondeur de 150 brasses.

A peine s'y étaient-ils retirés, qu'un immense morceau de glaces se détachant de la montagne, tomba avec un fracas horrible, et brisa en mille pièces une portion considérable d'une plaine de glace qui en était voisine. Les vagues rejaillirent avec tant d'impétuosité que les vaisseaux reçurent une secousse terrible. Si nos voyageurs n'avaient pas connu déjà le danger d'approcher de trop près du côté perpendiculaire de ces montagnes de glace, c'eût été pour eux une excellente leçon; mais ils avaient vu depuis peu tant d'exemples de la même sorte, qu'ils n'en approchaient jamais qu'en prenant de grandes précautions.

La glace, faisant alors un mouvement circulaire, ferma complètement l'endroit qu'ils avaient quitté quelques minutes auparavant. Pendant toute la journée, il tomba beaucoup de neige, ce qui empêcha de pouvoir distinguer la terre, et le temps ne commença à s'éclaircir que vers minuit.

Les officiers essayèrent d'apprendre de Sackhouse s'il n'avait pas, la veille, obtenu des naturels quelques détails qu'il aurait oublié de leur répéter; car, jusqu'à ce moment, ils n'avaient pu causer avec lui aussi longtemps qu'ils l'auraient désiré. Entre autres détails moins importans, ils apprirent que les naturels avaient envoyé leurs femmes et leurs enfans dans les montagnes, et que, dans le principe, ils ne s'étaient approchés des vaisseaux que pour les prier de s'en aller, et de ne pas les faire périr. Ces naturels avaient dit aussi à Sackhouse qu'ils avaient épié leurs mouvemens pendant quelque temps, pour voir si les vaisseaux voleraient vers le soleil ou vers la lune; car ils ne doutaient pas qu'ils ne vinssent de l'un ou de l'autre. Un de leurs compagnons avait été si alarmé qu'il s'était enfui dans les montagnes, et n'avait pas reparu.

Un renseignement important que Sackhouse avait oublié de communiquer la veille, c'était que le fer employé par les naturels provenait d'une montagne située près de la côte. Ils lui avaient dit qu'il y en avait un rocher ou davantage (car on ne put alors déterminer lequel); qu'ils le détachaient avec une pierre aiguë, et que c'était avec ces morceaux de fer qu'ils faisaient la lame de leurs couteaux. « Nous eûmes alors sujet de regretter, dit le capitaine Ross, que le capitaine Sabine et le détachement, qui, dans la matinée du 9, avaient débarqué sur ce que M. Bushnan avait reconnu être une île, n'eussent pas pénétré plus avant, et n'eussent pas examiné les montagnes où nous apprîmes alors que se trouvait ce fer. Des observations approfondies avaient démontré que l'île en question était presque contiguë à la terre, à laquelle elle était attachée par la glace, et que la montagne contenant le fer s'élevait immédiatement derrière elle; de sorte qu'il eût été assez facile de l'examiner. Mais à présent, nous en étions à une distance considérable, et le temps ainsi que la glace, étaient tous deux trop peu sûrs pour que je pusse envoyer des détachemens à une aussi grande distance des vaisseaux (1) ».

(1) Le capitaine Sabine, se trouvant en quelque sorte inculpé par cette observation, dit, page 37

La première partie de la journée du lendemain 12 août fut assez belle pour permettre de faire de bonnes observations; et, après avoir reconnu la terre qui formait une baie spacieuse, le capitaine l'appela la baie du *Prince-Régent*, en commémoration de l'anniversaire de la naissance de son Altesse Royale. Après avoir fait arborer, suivant l'usage, les drapeaux et les pavillons, il se borna à faire tirer une décharge de mousqueterie; car, indépendamment du tort irréparable que la secousse occasionée par des décharges d'artillerie eût pu faire aux chronomètres, il craignait d'alarmer les naturels dont les habitations n'étaient qu'à 6 ou 7 milles de distance. Bloqués par

de ses Remarques sur la Relation du capitaine Ross: « Le capitaine Ross oublie de dire ici que le capitaine Sabine, et ceux qui allèrent avec lui dans la soirée du 8 sur cette île (et non dans la matinée du 9; car nous étions à bord, et le navire était sous voiles avant minuit), revinrent en conséquence d'un signal de rappel, et qu'on leur dit, à leur retour, qu'en y restant si long-temps ils avaient empêché le départ des vaisseaux. »

la glace, les vaisseaux ne purent avancer de toute la journée; et la pluie et la neige se succédèrent dans l'après-midi. Deux ou trois naturels parurent à une grande distance, mais aucun d'eux n'osa approcher du vaisseau.

Le 13, de grand matin, la glace s'étant ouverte de manière à laisser un passage, les vaisseaux y entrèrent dans l'espoir de trouver plus loin un meilleur endroit pour s'abriter. Après avoir fait dix milles dans la direction de l'Ouest, ils furent arrêtés par une barrière de montagnes de glace qui touchaient presque les unes aux autres. Au Nord de ces montagnes, on voyait du haut du mât une partie de mer dégagée de glace, et le capitaine crut remarquer que la terre se prolongeait dans la direction du Nord. Le premier lieutenant et le contre-maître virent la terre du haut du mât, à l'Ouest-Sud-Ouest. L'atmosphère était extrêmement claire, et tous les objets éloignés étaient élevés d'une manière surprenante par la réfraction. Le soleil, passant dans l'azimuth, les dessinait sur l'horizon, de la manière la plus distincte. Les réflexions de la lumière sur les montagnes de glace formaient surtout un brillant effet; l'éméraude, le saphir et l'orangé, étaient les couleurs dominantes. On reconnut par la suite que la terre vue du haut du mât par ces officiers, ainsi que par plusieurs matelots, avait dû être à la distance prodigieuse de 140 milles. La glace commençait à s'accumuler autour des navires, tout semblait menacer d'un ouragan prochain; mais heureusement ils trouvèrent à s'abriter contre une montagne de glace fortement attachée à la glace de terre, dans une espèce de baie où ils furent presque aussitôt bloqués, comme les officiers s'y étaient attendus.

Pendant les trois derniers jours, on avait vu un grand nombre de baleines qui venaient quelquefois sur la surface de l'eau près des bâtimens pour respirer, et qui ne paraissaient aucunement alarmées; on aperçut aussi quelques licornes, et le matin et le soir l'eau était littéralement couverte d'Alcas-Allés, dont on tuait tous les jours des centaines.

Il n'y avait pas long-temps que les vaisseaux étaient dans leur nouvelle position, lorsque trois naturels parurent dans le lointain. On fit aussitôt des préparatifs pour renouer les communications, si c'étaient ceux qui étaient déjà venus à bord, ou pour entrer en pourparler, si c'étaient des inconnus. Le poteau surmonté d'un pavillon, fut planté comme la première fois, à quelque distance des navires, et l'on vit bientôt les naturels en approcher, sans beaucoup d'hésitation ni d'alarme. Ils prirent le sac qui y était attaché; mais, après en avoir examiné le contenu, ils le remirent à sa place, et retournèrent à leurs traîneaux. Sackhouse, muni de présens, partit alors pour leur parler. Il s'aperçut sur-le-champ que ce n'étaient pas ses anciennes connaissances, mais d'autres naturels auxquels ceux-ci avaient raconté la bonne réception qu'ils avaient éprouvée, en ajoutant que les habitans du vaisseau étaient un peuple qui demeurait au-delà de la glace. C'était ce qui les avait empêchés de témoigner des alarmes à la vue du navire.

Dès que Sackhouse eût fait ce rapport au capitaine, celui-ci se rendit avec le lieutenant Parry au lieu de la conférence, accomplit les cérémonies déjà décrites, et les assurant de son amitié, les invita à venir à bord.

Il leur proposa de venir jusqu'au navire dans leurs traîneaux. Ils y consentirent, et le plus âgé monta dans le sien, ce qui fournit aux officiers l'occasion d'examiner la manière dont il dirigeait ses chiens. Il en avait six qui portaient chacun un collier de peau de veau marin, de deux pouces de largeur, auquel était attaché le bout d'une courroie d'environ neuf pieds de longueur; l'autre bout était lié au-devant du traîneau: de sorte que ces animaux étaient tous attelés de front, traînant par un seul trait et sans rênes. Quelquefois aussi, ils sont attelés deux à deux; mais alors il y en a un par devant en arbalète, et qui, en quelque manière, sert de guide aux autres. A peine eurent-ils entendu le claquement du fouet, qu'ils partirent au grand trot, tandis que le conducteur semblait les diriger avec la plus grande aisance, les guidant tantôt de la voix, tantôt par le son du fouet. Mais en approchant des matelots, ces animaux furent tellement alarmés, qu'on eut quelque peine à les arrêter. On parvint cependant à la fin à les attacher à la glace, et le plus jeune des naturels, qui avait suivi le traîneau, resta pour les garder.

Ils furent tous fort contens des présens qui leur furent offerts ; mais, comme ils avaient vu ceux que leurs compagnons avaient reçus, leur surprise n'était pas comparable à celle que ceux-ci avaient manifestée. Ils donnèrent en échange une javeline, faite de la corne de narval, et un traîneau, fait principalement d'os de veau marin, attachés ensemble avec des courroies de peau, tandis que les parties latérales ou les deux supports étaient deux cornes de narval. Ces traîneaux sont assez larges pour contenir deux personnes sur chaque traîneau. Ils ont une paire de bottes de relais; car ils paraissent craindre beaucoup d'avoir les pieds mouillés. Ils y ont aussi une peau de veau marin gonflée d'air.

Il est à présumer qu'ils s'en servent comme d'une bouée pour se soutenir avec leurs traîneaux quand ils sont forcés de traverser quelque intervalle qui sépare les glaces ; ce qui peut leur devenir quelquefois nécessaire, puisqu'ils n'ont pas de canots, et qu'il peut arriver, dans leurs excursions, qu'ils trouvent, à leur retour, la glace séparée, dans un endroit où elle était continue quelques heures auparavant. Le capitaine leur acheta aussi un chien ; mais il eut beaucoup de peine à y parvenir; et ils paraissaient avoir beaucoup de répugnance à le lui céder. Il eut le choix de prendre celui qui lui paraîtrait le plus beau. En les examinant tous, il s'aperçut que trois d'entre eux avaient un œil de moins, et il apprit des naturels que ce malheur provenait de quelque coup de fouet qu'ils y avaient reçu par accident. Le chien fut attaché et conduit à bord par un matelot; mais, quelque temps après, il fut malheureusement entraîné dans la mer par une vague qui, dans un ouragan passa sur le navire. Ces animaux restaient tranquilles sur la glace à l'endroit où on les avait laissés. Ils en faisaient même autant quand personne ne veillait sur eux; preuve évidente, s'il en fallait de nouvelles, de la sagacité de ces fidèles compagnons de l'homme, ou pour mieux dire, de ces serviteurs si utiles dans cette extrémité du globe.

Les deux naturels qui accompagnèrent alors les officiers à bord du vaisseau, furent très-étonnés de tout ce qu'ils virent; mais il était évident qu'ils avaient été préparés par leurs compagnons à voir des merveilles; car leurs exclamations étaient beaucoup moins fréquentes, et leurs cris moins assourdissans.

Le plus âgé d'entre eux, homme d'environ quarante ans, s'appelait Meigack; les deux autres étaient ses fils. Celui qui l'accompagnait, et qui pouvait avoir dix-sept ans, se nommait Kaweigack; le nom du plus jeune, qui était resté pour garder le traîneau, ne fut pas connu. Meigack fut alors conduit dans la chambre du capitaine, et il dit qu'il avait une femme, une fille et trois fils; que durant l'été ils venaient de

Petowack s'établir dans cet endroit, qui s'appelait Ackulloiussick, pour prendre des veaux marins et des licornes de mer, et pour se procurer du fer; et qu'ils repartaient lorsque le soleil les quittait. Il promit d'amener sa femme pour lui faire voir le vaisseau ; mais Sackhouse crut s'apercevoir qu'il n'était pas dans l'intention de tenir sa promesse, et l'événement prouva qu'il ne s'était pas trompé. On lui fit alors différentes questions sur le fer qui garnissait son couteau, et il répondit qu'il se trouvait dans la montagne dont on a déjà parlé; qu'il y en avait plusieurs grandes masses, dont une en particulier, plus dure que les autres, faisait partie de la montagne, et que les autres étaient sur la terre, qu'ils coupaient ce fer avec une pierre aiguë, et qu'ensuite ils l'aplatissaient et en faisaient de petits morceaux de la grosseur d'une pièce de douze sous, mais d'une forme ovale. Comme l'endroit où se trouve ce métal, et qui s'appelle Souallick, était au moins à vingt-cinq milles de distance, et que le temps était très-incertain, le capitaine ne put y envoyer, ne sachant pas s'il ne serait pas bientôt forcé de quitter la position que les vaisseaux avaient prise : mais il offrit de grandes récompenses à Meigack, s'il voulait lui en apporter quelques échantillons, ce qu'il promit volontiers. M. Skene et M. Hoppner firent alors son portrait, et Sackhouse en obtint de nouveaux renseignemens, dont on trouvera la substance dans le chapitre suivant.

Meigack et ses enfans montrèrent pour le pain la même répugnance que ceux qui les avaient précédés. On leur offrit du vin et de l'eau-de-vie ; mais ils manifestèrent une aversion encore plus grande, et rendirent le verre dès qu'ils l'eurent porté à leurs lèvres. Un verre de vin excita beaucoup la curiosité de Meigack ; le capitaine le lui offrit aussitôt, et lui demanda ce qu'il en comptait faire : il dit qu'il le destinait à son épouse. Lorsqu'il retourna sur le tillac, il l'attacha, ainsi que quelques morceaux de fer, au dos de son traîneau, paraissant avoir oublié qu'il l'avait vendu. Lorsqu'on le lui rappela, il ne témoigna pas le moindre regret, et reprit le verre qu'on lui rendit, en expliquant qu'il se casserait, s'il n'en avait pas grand soin.

Au moment de partir, il montra, du tillac, sa maison qui était en face du vaisseau, à environ trois milles de distance, et qu'on pouvait distinguer avec le télescope. Il dit que le promontoire qu'on voyait vers le Nord, et qui était à six milles de distance, s'appelait Inmallick, et il ajouta que de l'autre côté du promontoire il y avait une mer libre. Après leur avoir fait des présens, consistant en un petit harpon, et en quelques morceaux de bois et de fer, le capitaine leur réitéra la prière de lui apporter des échantillons de fer, ayant lieu de croire, d'après ce qu'ils disaient, que les rochers d'où ils le tiraient, étaient des masses de fer météorique. Ils promirent de revenir dès qu'ils auraient mangé et dormi, d'apporter le fer qu'il leur demandait, et d'amener avec eux plusieurs de leurs compagnons.

Il était environ trois heures, lorsqu'ils partirent, aussi contens de leur réception que ceux qui étaient venus trois jours auparavant. La glace était couverte de petits monticules qui les firent bientôt perdre de vue. Les gens de l'équipage virent cependant que pour gagner le rivage ils étaient obligés de faire beaucoup de détours, ce qui provenait d'un grand nombre d'ouvertures qui se trouvaient dans la glace. Car il était évident que la terre n'était en ligne directe qu'à trois ou quatre milles de distance.

Pendant toute la journée, le temps fut très-incertain, et vers le soir le vent devint très-violent. Il tomba une grande quantité de neige qui déroba la vue de la terre; mais à trois heures du matin, après une pluie abondante, le temps s'éclaircit, une forte gelée lui succéda, et la terre reparut aux yeux de nos navigateurs. Les vaisseaux étaient entièrement bloqués par la glace, mais la montagne de glace sous laquelle ils s'étaient abrités, empêchait qu'ils ne fussent assiégés de trop près.

Le lendemain, à deux heures de l'après-midi, on aperçut des naturels, qui, montés sur leurs traîneaux, approchaient du navire. Le capitaine Ross, M. Parry et Sackhouse allèrent à leur rencontre, et reconnurent avec plaisir que c'étaient presque tous d'anciennes connaissances. Le groupe se composait de celui qui avait dérobé le marteau, de Marshuik et d'Otouniah, de Meigack et de ses deux fils, et de trois nouveaux visages. Ils approchèrent non-seulement sans alarme, mais sans cérémonie, et il ne fut plus question de se tirer le nez, ni de se serrer la main. Ils avaient avec eux une peau de veau marin dont ils avaient fait un sac, et qu'ils avaient remplie d'air, et ils commencèrent à se la jeter d'abord l'un à l'autre, et ensuite aux Anglais qui prirent volontiers part à ce jeu, au grand amusement des naturels. Ils s'étaient servis de cette peau gonflée en guise de bouée pour leur harpon, et ils dirent qu'ils avaient tué une licorne de mer pendant la nuit, à environ trois milles au Sud-Est des vaisseaux. Le capitaine leur en demanda la corne; mais ils repondirent que c'était une femelle, et qu'elle n'en avait point. Il les invita alors à se rendre sur le vaisseau, et ils le suivirent sans hésiter.

A peine furent-ils à bord qu'ils se mirent à demander et à dérober tout ce qu'ils voyaient, mettant la main sur tous les petits morceaux de bois, et cachant sur eux tous les clous qu'ils pouvaient trouver dans le vaisseau. Le capitaine leur acheta un traîneau de la même espèce que le premier, et une couple de couteaux. Ils lui donnèrent aussi un morceau de chair de licorne, qui paraissait avoir été séchée, ou à moitié rôtie, car on y voyait encore les marques du feu. Il essaya, mais inutilement, de se procurer un autre chien; rien ne put les décider à en vendre un seul. Nos voyageurs les avaient déjà vus manger la chair sèche de la licorne, et ils eurent alors l'occasion de découvrir qu'ils ne se faisaient pas scrupule de manger la chair crue, dans quelque état qu'elle se trouvât. L'un d'eux, qui avait un sac plein *d'Alcas-Alles*, en prit une en leur présence, et la dévora toute crue. On leur demanda si c'était un usage général, et ils répondirent qu'ils ne les mangeaient de cette manière, que lorsqu'ils ne pouvaient les faire cuire.

Nous avons oublié de dire que lorsqu'ils étaient tous rassemblés au bord de la glace, comme le vaisseau était amarré à environ soixante pieds de distance, il était nécessaire de s'embarquer sur une chaloupe pour arriver à bord. La proposition en fut faite, et il fallut que le capitaine entrât dans la barque et en sortît plusieurs fois, pour leur montrer qu'il n'y avait pas le moindre danger, avant qu'ils se décidassent à y monter. Ils y consentirent enfin, mais avec beaucoup de peine et de répugnance; et lorsque les matelots agitèrent leurs rames, leurs craintes furent portées au plus haut degré. Lorsqu'ils furent arrivés sains et saufs, et qu'ils eurent passé quelque temps à saisir, comme nous l'avons déjà dit, tout ce qui leur semblait portatif, Meigack, ses deux fils et les trois étrangers furent conduits dans la chambre du capitaine, et Sackhouse fut chargé de leur faire un grand nombre de questions dont la substance se trouvera dans le chapitre suivant, avec les autres renseignemens recueillis à différentes époques.

Les officiers essayèrent alors de découvrir s'ils connaissaient quelques amusemens, tels que la danse ou la musique; et, après quelques difficultés, ils parvinrent à décider deux des étrangers, qu'on leur dit être neveux d'Ervick, à leur donner un échantillon de leur danse. L'un deux se mit aussitôt à se disloquer la figure, et à tourner les yeux d'une manière qui ressemblait si exactement à l'air d'une personne qui éprouve une attaque d'épilepsie, que, convaincu que cet accident était effectivement arrivé, le capitaine était sur le point d'appeler le chirurgien. Mais il fut bientôt détrompé; car le naturel se mit aussitôt à faire successivement une foule de gestes extraordinaires, et à prendre les attitudes les plus bizarres, tandis qu'en même temps il faisait les contorsions les plus hideuses. De même que les amusemens semblables de climats bien différens, celui-ci contenait ces allusions indécentes qui forment une partie essentielle de la danse de plusieurs nations qui, sous d'autres rapports, sont fort avancées dans la civilisation. Son corps était généralement courbé en avant, et ses mains étaient placées sur ses genoux.

Au bout de quelques minutes, il se mit à chanter *Amnah ajah*, et presque immédiatement après, son compagnon, qui jusqu'alors l'avait regardé en silence, commença, comme s'il se sentait inspiré, à se disloquer la figure, et à imiter les attitudes peu délicates du premier. Ils se mirent ensuite à chanter en chœur *Hejau hejau*; et après avoir chanté ces mots pendant dix minutes avec une énergie toujours croissante, il changèrent tout à coup de mouvement, et crièrent d'une voix perçante, et avec beaucoup de rapidité : *Wihie! Wihie!* Ils s'approchèrent alors l'un de l'autre, en glissant le pied en avant, faisant d'horribles grimaces, et s'agitant beaucoup, jusqu'à ce que leurs nez vinssent à se toucher, et alors un éclat de rire sauvage termina cette danse extraordinaire. *Bis! bis!* fut le cri de tous les spectateurs; et lorsque Sackhouse leur expliqua ce qu'il signifiait, ils se prêtèrent de la meilleure grâce du monde aux désirs de la compagnie, et recommencèrent leurs gestes et leurs contorsions.

Pendant ce temps, Meigack, voyant que tout le monde était occupé à les regarder, profita de l'occasion pour se glisser dans la chambre du capitaine, et dérober le meilleur de ses télescopes, une boîte de rasoirs et une paire de ciseaux, qu'il cacha adroitement sous son habit. Après avoir fait cette équipée, il vint rejoindre ses compagnons, et regarda la danse comme si rien n'était arrivé. Il n'échappa cependant pas à la vigilance d'un homme de l'équipage, qui le suivit sur le tillac, l'accusa d'avoir volé ces objets, et lui ordonna de les rendre, ce qu'il fit sans hésiter. Le capitaine eut ensuite une conversation avec l'un des danseurs, qui se trouvait être un *Angekok*, ou sorcier ; on en verra plus loin le résultat. Comme il reprochait à Meigack de n'avoir pas amené sa femme, ainsi qu'il l'avait promis, celui-ci demanda vivement si notre nation se composait entièrement d'hommes, ou si nous avions des femmes avec nous. Le capitaine lui montra un portrait en miniature de son épouse. Ils le regardèrent tous avec la plus grande surprise, et parurent croire pendant quelque temps que l'image qu'ils voyaient était vivante. Bientôt une idée soudaine parut les frapper ; et s'imaginant que les femmes étaient dans l'autre vaisseau, ils se dirigèrent tous vers *l'Alexandre*, qui était amarré le long de la glace, à environ deux cents *yards* de *l'Isabelle ;* mais ils ne tardèrent pas à revenir, fort consternés de se voir trompés dans leur attente.

On avait fait, pendant leur absence, un petit paquet composé de quelques vêtemens, de miroirs, de couteaux, de monnaies, et d'une tabatière sur laquelle était le portrait de S. A. R. le Prince Régent, présens destinés à Tullouwah, leur roi. Ces présens avaient été mis dans un sac de toile; mais Sackhouse ayant interrogé plusieurs des naturels, pour voir s'il était probable qu'ils fussent jamais remis, il vit que leur penchant à la rapine rendait cet espoir plus qu'incertain. Le capitaine changea donc d'intention, d'autant plus qu'il espérait pouvoir lui rendre bientôt lui-même une visite. Il dit alors à Meigack et à ses fils, ainsi qu'à ses compagnons, qu'il était fort mécontent qu'ils n'eussent pas rempli la promesse qu'ils lui avaient faite relativement au fer; et il leur réitéra la prière de lui en apporter des échantillons. Il leur montra un grand harpon, une lance et une grosse pièce de bois, qu'il promit de leur donner en échange; et en même temps il les assura qu'aucun d'eux ne serait admis à bord, et ne recevrait aucun présent, qu'ils n'en eussent apporté. Ils promirent de revenir le plutôt possible avec le fer et avec quelques-uns de leurs vêtemens; mais ils ajoutèrent que comme la montagne était à une distance considérable, il faudrait qu'ils dormissent deux fois avant de pouvoir revenir. Ils remontèrent alors sur leurs traîneaux, et s'éloignèrent dans différentes directions, pour regagner la terre.

Dans la soirée, le temps devint très-orageux; le vent soufflait de l'Est avec violence, et les glaces, en s'accumulant, avaient formé, du côté du Nord, une barrière presque impénétrable, et faisaient douter que les vaisseaux pussent rester encore long-temps dans cet endroit. Il était donc nécessaire de conserver toutes les mains à bord, pour la sûreté du bâtiment, et le capitaine se vit dans l'impossibilité d'envoyer un détachement à terre.

La glace continua à bloquer le passage pendant la plus grande partie du jour suivant. Dans l'après-midi, les naturels qui étaient venus la veille reparurent, à l'exception de Meigack et de sa famille. Ils étaient accompagnés de deux autres, dont c'était la première visite. Comme ils n'apportaient ni le fer ni les vêtemens qu'ils avaient promis, le capitaine donna ordre de ne pas les recevoir à bord, et de ne rien leur donner. Ils dirent qu'ils avaient été à Inmallick, nom du promontoire qu'on voyait au Nord, pour chercher des pierres, afin de pouvoir détacher le fer du rocher; et ils donnèrent aux gens de l'équipage une de ces pierres, qui paraissait être de basalte, ainsi qu'un peu de mousse sèche, préparée pour servir de mèche à leurs lampes. Lorsqu'ils virent qu'on ne voulait pas les admettre, ils devinrent impertinens, et firent beaucoup de bruit; mais Sackhouse leur ayant dit que, s'ils ne partaient point, notre *Angekok* séparerait la glace, et les empêcherait de regagner la terre, ils se retirèrent aussitôt, en promettant d'apporter du fer sans délai.

Dans la soirée, le temps se rétablit, et il finit par devenir entièrement calme. La glace se sépara alors, et il s'en fondit une si grande quantité, que les eaux dans lesquelles le vaisseau était amarré, s'agrandirent de trois milles de chaque côté. Aussitôt on vit les Alcas accourir par troupes innombrables, et ces oiseaux couvrirent bientôt toute la surface de l'eau. Ils venaient se nourrir des mêmes insectes que la baleine, et dévorèrent les béroès et les cancers dont l'eau était aussi couverte. Un grand nombre de baleines s'en repaissaient également, et l'on pourrait établir une pêcherie dans cet endroit avec succès. Chaque vaisseau envoya une chaloupe pour se procurer le plus grand nombre possible de ces oiseaux, afin de les conserver dans de la glace. A minuit, celle de *l'Isabelle* revint avec environ quinze cents alcas. L'un dans l'autre, on en avait tué quinze à chaque coup de fusil. La chaloupe de *l'Alexandre* fit un récolte presque aussi abondante. Ces oiseaux firent ensuite la nourriture journalière de l'équipage. Entre autres manières de les accommoder, on en faisait d'excellentes soupes, ressemblant assez à une soupe de lièvre, et au moins aussi bonnes.

Dans la matinée du 16 août, la grande montagne de glace sous laquelle les vaisseaux s'étaient abrités, se détacha de la glace de terre, et se dirigea vers le Midi. Le vent s'éleva en même temps du Nord-Est; et à quatre heures, la glace s'était suffisamment ouverte pour permettre de chercher à pénétrer vers le Nord. Désirant pourtant, s'il était possible, ne pas quitter cet endroit sans avoir encore quelque communication avec les naturels, le capitaine fit monter un matelot au grand mât, pour voir si l'on pouvait espérer qu'il en arriverait bientôt. Malheureusement il fut impossible d'en découvrir un seul. « Croyant donc, ajoute le capitaine Ross, qu'il était de mon devoir de quitter ces parages, et de poursuivre, sans perdre de temps, l'objet principal de l'expédition, je donnai à ce pays le nom de *Highlands Arctiques ;* et mettant à la voile, je sortis de la baie du Prince-Régent. »

CHAPITRE III.

Description du pays habité par la peuplade nouvellement découverte. — Productions minérales, végétales et animales. — Langage. — Origine probable des habitans. — Leur habillement. — Leur figure. — Leurs idées religieuses. — Manière dont ils pêchent. — Leurs mœurs. — Leur roi. — Détails donnés par le capitaine Sabine.

Le pays nommé par le capitaine Ross *Highlands Arctiques*, est situé dans le coin Nord-Est de la baie de Baffin, entre les latitudes de 76° et de 77° 40' Nord, et les longitudes de 60° et de 72° Ouest; de sorte qu'il occupe une étendue de cent vingt milles, et se prolonge sur la côte dans une direction Nord-Ouest. Sa plus grande largeur n'excède pas vingt milles, et se réduit presque à rien vers les extrémités. Il est borné au Midi par une immense barrière de montagnes couvertes de glace ; barrière qui commence au soixante-quatorzième degré trente minutes de latitude, et s'étend jusqu'au soixante-seizième. Autant qu'il était possible d'en juger des vaisseaux, cette barrière est insurmontable, et dans beaucoup d'endroits la glace se prolonge, pendant plusieurs milles, des montagnes dans la mer. L'intérieur du pays offre un groupe irrégulier de terres montagneuses, qui, de la chaîne élevée dont nous venons de parler, descendent vers la mer en masses irrégulières ; et même sur le bord du rivage ces rochers ont encore de cinq cents à mille pieds de hauteur. Toute cette partie est presque entièrement couverte de glace, et paraît être inaccessible.

Sur la surface de la terre, au-dessus des rochers, ainsi qu'à leurs pieds, sur le bord de la mer, on voyait quelques traces chétives d'une verdure jaunâtre. Au milieu des montagnes, sont de profonds ravins remplis de neige, à travers lesquels on apercevait l'empreinte des torrens. Ces rochers s'avancent souvent en promontoire dans la mer. Cette côte, étant exposée aux brises de mer, doit être plus tôt et plus long-temps ouverte que les parties plus méridionales de la baie : aussi est-elle particulièrement fréquentée par les oiseaux sauvages dans la saison de la génération.

Les limites de cette région doivent être placées au Nord de la baie de Whale, au cap Robertson. A partir de ce cap, dans la direction du Nord, les montagnes s'élèvent immédiatement du bord de la mer, et forment une chaîne semblable à celle qui commence au cap Melville. Elle se trouve ainsi fermée de tous les côtés, sans que les naturels qui y demeurent, puissent avoir par terre aucune communication avec les autres habitans de cette contrée, s'il en existe aucuns dans la direction de l'Est.

Quant à ce qui concerne la géologie du pays, il est impossible de faire plus que d'offrir quelques conjectures; car malheureusement le naturaliste de l'expédition n'était pas versé dans cette partie. Autant qu'on en pouvait juger, les rochers offraient un aspect de stratification, les lignes des couches semblant former des angles élevés. Le caractère général du pays paraissait aussi indiquer l'existence de roches primitives ; et ce qui vient à l'appui de cette conjecture, c'est la nature du petit nombre d'échantillons qui furent recueillis, et qui sont presque tous du gneiss, circonstance qui n'est pas extraordinaire, d'après l'aspect stratifié des montagnes. Le granit, dont il se trouve aussi des morceaux dans les objets rapportés, paraît être le produit de veines. Indépendamment de ces deux substances, il y a un échantillon de porphyre du cap Melville, qui, selon toute apparence, est un fragment de veine.

La production minérale la plus importante de ce pays est le fer dont il a déjà été parlé, et qui ne se trouve qu'à Sowallick, ou montagnes de fer. On a donné, dans le chapitre précédent, tous les détails qu'il a été possible de recueillir ; et il est seulement nécessaire d'ajouter que ce fer a été examiné par le docteur Wollaston, et qu'il s'est trouvé contenir du nickel ; ce qui porte à croire qu'il est d'origine météorique, puisque toutes les masses trouvées jusqu'ici en différens endroits, et auxquelles on attribue la même origine, contiennent également la même substance.

Les productions végétales du pays consistent en bruyères; en mousse, et en une sorte d'herbe grossière. On ne voit nulle part la moindre apparence de culture, et les naturels semblent ne connaître aucune espèce de nourriture végétale. Quelque chétives, quelque bornées que soient ces productions, elles ne sont pas néanmoins sans utilité. La mousse, qui se trouve en grande quantité, de six à huit pouces de longueur, lorsqu'elle est sèche, et qu'elle et trempée dans de l'huile de veau marin ou de narwal, sert de mèche, et donne tout à la fois de la chaleur et de la lumière. L'herbe et la bruyère servent de nourriture et d'abri aux lièvres, qui, au rapport des naturels, sont en grand nombre; et les tiges de bruyères, liées ensemble, font un bon manche pour le fouet avec lequel ils conduisent leurs chiens.

La pêche de la baleine pourrait se faire évidemment avec beaucoup de succès dans la baie du Prince-Régent et dans celle de Melville. Non-seulement les baleines y sont grosses et nombreuses; mais encore, ce qui provient sans doute de ce qu'elles n'ont jamais été troublées, sont douces et presque apprivoisées, et il est facile d'en approcher. Il n'est point douteux que toute cette baie ne pût être visitée tous les ans, et si les vaisseaux employés à la pêche reviennent sans avoir réussi, il faut l'attribuer à ce qu'ils quittent trop tôt la baie. Ils sont, il est vrai, souvent obligés de le faire faute de provisions; et l'on ne saurait blâmer trop sévèrement l'usage malheureusement trop commun de leur donner un trop petit nombre d'approvisionnemens : ce qui résulte, ou des vues étroites, ou de la parcimonie de l'armateur; car cet abus empêche les maîtres et l'équipage de ces vaisseaux de soutenir la concurrence avec ceux qui sont mieux pourvus, et non-seulement compromet leur réputation, mais encore met leur vie en danger. En restant douze ou quatorze jours de plus que le temps ordinaire, les vaisseaux pourraient aisément, et sans danger, s'approcher de ces parages, faire leur cargaison, et revenir lorsque la glace serait fondue.

Indépendamment de la pêche de la baleine, il est plus que probable qu'on pourrait établir un commerce de fourrures fort avantageux. Les officiers et les matelots qui allèrent à terre aux *Crimson cliffs* (ou rochers cramoisis), dont on parlera ci-après, virent un grand nombre de renards noirs, ainsi que des trappes employées par les naturels pour les prendre; et ils apprirent que le pays en est rempli. Il n'est pas douteux qu'il ne fût facile d'apprendre à des gens d'un caractère aussi doux et aussi paisible que les habitans des *Highlands Arctiques*, à conserver ces peaux, dont ils ne semblent faire aucun cas, ou qu'ils n'emploient que comme les peaux d'ours et de narwal. On peut aussi regarder l'ivoire du narwal, les dents du cheval de mer, et celles de l'ours, comme des branches de commerce. Tous ces objets pourraient être obtenus en échange de marchandises européennes, telles que des couteaux, des clous, de petits harpons, des morceaux de fer, de bois de toute sorte, de la poterie, et différens outils et instrumens de peu de valeur, mais néanmoins utiles; et ces échanges, en procurant un grand bénéfice au marchand, seraient aussi à l'avantage de cette race isolée de créatures humaines.

« J'ai déjà dit, ajoute le capitaine Ross, que, lors de notre première entrevue avec les naturels de ce pays, leur langue était entièrement inintelligible à Sackhouse; et à la seconde entrevue il eut beaucoup de peine à lier conversation avec eux; mais à la fin il découvrit qu'ils parlaient le dialecte humouke. L'ayant questionné à ce sujet, il me dit qu'il avait eu pour nourrice une vieille femme, qui était native d'Oppernowick, sous le soixante-treizième degré de latitude Nord, et qui lui avait appris ce dialecte. Il diffère matériellement, non-seulement par la prononciation des mots, mais aussi par les noms de beaucoup d'objets de la langue des Esquimaux, telle qu'on la parle dans la partie Septentrionale de cette contrée. On crut cependant que la langue du Nord était la plus ancienne, ou du moins, la plus originale. Il y a une différence encore plus grande entre le dialecte des habitans des Highlands Arctiques, et le dialecte humouke, le premier se parlant très-lentement, et les noms des choses les plus communes dans tous les pays étant entiérement différens. Pour le démontrer, je joins ici une liste de mots recueillis par le moyen de Sackhouse; on verra néanmoins, en la consultant, que les deux langues sont radicalement semblables (1). »

(1) Le capitaine Sabine, dans la brochure dont nous avons déjà eu occasion de parler, fait sur ce passage les observations suivantes :

« Parmi les papiers qui, lors de notre arrivée en Angleterre, furent remis entre les mains du capitaine Ross pour être transmis par lui à l'amirauté, il s'en trouvait un sur la langue des Esquimaux qui demeurent au Nord du soixante-seizième degré de latitude. Lorsque mon journal me fut rendu par ordre de l'amirauté, je m'aperçus que ce papier manquait. Mais, comme c'était un sujet dont je n'étais pas officiellement chargé, et que

On retrouve dans les deux langues le même usage d'unir un certain nombre de

j'en avais gardé une copie, je ne voulus pas me donner la peine d'en faire la recherche, et je n'en fis pas la remarque....

« Lorsque le capitaine Ross publia son ouvrage, je m'aperçus qu'il s'était approprié ce papier, et je reconnus qu'il y avait puisé beaucoup de renseignemens qu'il rapportait, non-seulement sans en indiquer la source, mais même à la première personne. Plusieurs passages sont copiés presque littéralement; et, lorsqu'il s'est hasardé à changer même une expression qui paraissait insignifiante, c'est pour tomber dans une erreur, qui décèle le défaut d'originalité.... » Ici le capitaine Sabine en cite un exemple que nous ne rapportons pas, ayant eu soin de rectifier l'endroit en question dans l'ouvrage. Puis il ajoute : — « Il est inutile de faire d'autres citations de cette sorte; mais il est une erreur très-remarquable dans laquelle est tombé le capitaine Ross, et qui montre que non-seulement il n'entend rien au sujet de la langue des Esquimaux; mais qu'il n'a pas même lu avec attention les renseignemens qu'il communique comme originaux. En parlant de la différence entre les dialectes du Nord et du Midi, il dit : « Les noms des choses les plus communes dans tous les pays sont entièrement différens; pour le démontrer, je joins ici une liste de mots recueillis par mots ensemble, ce qui est aussi ordinaire dans les langues du continent de l'Amérique Septentrionale ; la même manière de décliner par des terminaisons définies ; et le même emploi de la négation *njilak*, pour terminaison des verbes. Chez les deux peuples, les nombres vont également jusqu'à cinq ; mais les Esquimaux du Nord n'ont

le moyen de Sackhouse. » La liste qu'il donne fut dressée pour prouver exactement tout le contraire ; ce qu'elle prouve en effet, *les mots qui sont les mêmes dans les deux dialectes*, étant précisément ceux qui sont le plus en usage.

« Le capitaine Ross ajoute : — « On verra néan-« moins en consultant cette liste que les deux langues « sont radicalement semblables. » — « Comment cette phrase s'accorde-t-elle avec celle où il dit que les mots les plus en usage sont entièrement différens? c'est ce qu'il n'est pas très-facile de comprendre. »

Le capitaine Sabine se plaint ensuite que, dans la liste en question, la plupart des mots esquimaux sont mal imprimés, ce qui provient, dit-il, de la difficulté de lire son écriture. Le lecteur trouvera plus loin la liste correcte de ces mots, telle qu'elle est donnée par le capitaine Sabine lui-même, ainsi que ses propres observations sur la peuplade nouvellement découverte.

pas de manière de marquer le jour, qui, dans le Midi, se marque par la marée. Ils n'ont de noms pour aucune espèce de poisson, à l'exception de la baleine, et ils ne paraissent pas en faire jamais leur nourriture. Le fer qui se trouve certainement dans le Nord, et qui n'existe pas dans le Midi, s'appelle des deux côtés *sowick* : c'est aussi, dans le Midi, le nom d'un couteau ; mais dans le Nord, on l'appelle *bellaouduk*. La lune s'appelle ici *kaimut*, et dans le Midi *pinga ;* mais elle est aussi connue des deux nations sous le nom d'*anningack*, ce qui prouve qu'elles connaissent également la même fable mythologique de l'origine de la lune (1).

(1) Voici ce que dit à ce sujet le capitaine Sabine : « Autant que nous avons pu nous en assurer, leurs superstitions sont exactement les mêmes que celles qui se trouvent décrites en détail dans Krantz et Égède. Torngarsuk est le principal objet de leur vénération religieuse. Ils ont sur l'origine du soleil et de la lune la même fable mythologique sur laquelle est fondé le joli conte d'Anningait et d'Ajut, de Johnson, dans le *Rambler*. »

Lorsque Sackhouse fut chargé de demander aux naturels s'ils avaient un roi, il prononça le *nullikab*, qui signifie une personne en autorité; puis *nakouack*, c'est-à-dire, un homme fort, qui peut tuer le plus de veaux marins, et qui est craint, ou respecté; mais ils ne l'entendaient point. Il se rappela à la fin que *pisasuak* avait été employé comme signifiant un chef; il fit donc usage de ce mot: ils répondirent aussitôt affirmativement, et dirent qu'il s'appelait *talluowak*.

L'origine des habitans des *Highlands Arctiques* est une question qui jusqu'à present est enveloppée d'épaisses ténèbres. Ils existent assurément dans le coin du monde le plus isolé qui ait jamais été découvert, et ne connaissent absolument rien que ce qui se trouve dans leur pays. Ils n'ont aucune tradition qui rapporte comment et de quel endroit ils sont venus dans cette contrée. Jusqu'au moment de l'arrivée des Européens, ils s'étaient crus les seuls habitans de l'univers, et avaient pensé que tout le reste du monde était une masse de glace.

Les naturels du Groënland Méridional croient généralement qu'ils descendent eux-mêmes d'une nation du Nord; et dès qu'on eut découvert les habitans de la baie du Prince-Régent, Sackhouse s'écria : « Voilà de *véritables* Esquimaux, voilà nos péres! » Une tradition conservée dans *le Groënland d'Egède*, vient à l'appui de cette supposition. On y dit, et c'est une histoire qui, suivant l'auteur, est crue de tous les Esquimaux, qu'une troupe de sauvages était venue du Nord dans les Iles des Femmes, et avait massacré tous les Esquimaux qui s'y trouvaient : leurs amis du Sud l'ayant appris, allèrent attaquer ces sauvages, et les massacrèrent à leur tour. La similitude de la langue prouve que c'est le même peuple; et il paraît très-probable que les habitans du Groënland Méridional sont venus du Nord; et que, de la même manière, ce sont des colonies originairement venues d'Amérique qui ont peuplé les parties septentrionales de la baie de Baffin. On a reconnu depuis long-temps, que la terre découverte par Davis, sur la côte Occidentale du détroit de Davis, était habitée. Les seules parties qui paraissent être inhabitées, sont entre la baie de Whale, ou de la Baleine, et celle de Lancaster, étendue sans doute très-considérable, mais qu'avec un traîneau sur la glace, on pourrait parcourir en trois jours. Il est aisé de concevoir qu'ils ne connaissent point les canots, lorsqu'on réfléchit qu'ils n'ont point de bois, et que des canots ne peuvent être utiles que pendant bien peu de temps dans leurs mers.

L'habillement de ces naturels consiste en trois pièces, qui sont toutes comprises sous le nom de *tunique*. Celle d'en haut est faite de peau de veau marin, les poils en dehors, et ressemble à la jaquette des femmes des Groënlandais du Midi. Elle n'a qu'une ouverture par en haut, de la largeur de la tête de celui qui doit la porter. Elle ressemble par le bas à une chemise ; mais se termine en pointe arrondie par devant et par derrière. Le capuchon est orné de peau de renard, et retombe sur les épaules, ou couvre la tête à volonté. Cette tunique est doublée généralement de peaux d'alcas ou de canards à duvet; et cette doublure, fermée par le bas, et ouverte près de la poitrine, sert de poche. La seconde pièce de leur habillement, qui monte à peine au-dessus des genoux, et qu'on pourrait appeler leur culotte, est par le haut d'une petitesse extrême et fort incommode; de sorte que, lorsqu'un naturel se baisse, sa peau est exposée aux regards des curieux. Ce vêtement est de peau d'ours ou de chien, et s'attache par le haut avec une corde. Les bottes sont de peau de veau marin, le poil en dedans; et le semelles sont couvertes de cuir de cheval de mer. Elles vont jusqu'au-dessus du genou, et rejoignent l'autre partie du vêtement. La tunique tout entière est faite par les femmes; les aiguilles qu'elles emploient sont d'ivoire; et leurs fils sont des nerfs de veau marin fendus. Les naturels dirent à Sackhouse que dans l'hiver, ou lorsque le temps devenait plus froid, ils avaient un vêtement de peaux d'ours, qu'ils mettaient en guise de manteau; mais nos navigateurs ne leur en virent point, et ne purent jamais les engager à leur céder aucune partie de leurs habillemens.

Les naturels des *Highlands Arctiques* sont d'un teint cuivré Leur taille est d'environ cinq pieds ; ils ont beaucoup de corpulence, et leurs traits ressemblent beaucoup à ceux des Esquimaux du Groënland Méridional. Le portrait d'Ervick, qui se trouve dans cet ouvrage, donnera une juste idée du costume et du caractère de la physionomie de cette peuplade. Cet homme, qui paraissait avoir environ quarante ans, avait cinq pieds un pouce de hauteur. Sa peau était cuivrée, et peut-être un peu plus foncée que celle des autres. Il avait la figure large, le front étroit et court, et sillonné de quelques rides, et le nez petit et étroit. Les joues pleines, rondes et colorées, même à travers l'huile et la crasse dont elles étaient couvertes; la bouche grande, et généralement entr'ouverte. Il avait perdu les dents de devant, ce qui provient de l'habitude où ils sont de tenir entre leurs dents les rênes avec lesquels ils conduisent leurs chiens; mais les autres étaient blanches et régulières. Ses lèvres étaient épaisses, surtout vers le milieu; ses yeux, petits, noirs, de forme ovale, et très-rapprochés. Les cheveux étaient noirs, longs et épais, et il était évident qu'ils n'avaient jamais été coupés ni peignés. Sa barbe et ses moustaches qu'il laissait pousser, étaient peu épaisses, et il n'en avait que sous le nez et au menton. Quoique la bonne humeur fût peinte sur sa figure, on y voyait aussi ce mélange inexprimable d'ignorance, et si je puis m'exprimer de la sorte, de sauvagerie, qui caractérise tous les peuples non civilisés. En marchant, il semblait inactif, et ce fut avec beaucoup de peine qu'il parvint à monter sur le vaisseau.

Marshuick, son neveu, paraissait avoir vingt-trois ans; il n'avait pas le teint si foncé que son oncle, et ses traits étaient si agréables qu'il fut surnommé le beau naturel : il avait moins de corpulence que les autres; mais il leur ressemblait sous tous les autres rapports.

Otouniah, frère de ce dernier, avait environ vingt et un ans; il avait beaucoup de taches de rousseur, et les voyageurs trouvèrent qu'il ressemblait beaucoup à un Groënlandais qu'ils avaient vu dans la baie Nord-Est. Il avait, ainsi que son frère, les dents blanches et régulières, et tous deux avaient cinq pieds de hauteur. Le naturel, qui avait dérobé le marteau, était beaucoup plus grand que les autres; il avait cinq pieds six pouces et demi. Sa peau n'était pas si brune que celle d'Ervick. Il avait le nez large et aquilin, le front étroit, et le bas de la figure très-large.

Les naturels qui vinrent à bord, n'excédèrent pas le nombre de dix-huit. On fit de vains efforts pour découvrir si leur peuplade était nombreuse; il fut impossible de le savoir. Comme ils ne savaient compter que jusqu'à cinq, ils ne pouvaient répondre, aux questions qui leur étaient adressées, que *beaucoup*, *beaucoup d'habitans*, en montrant le Nord; car on doit se rappeler que ce n'était qu'une portion détachée de la peuplade.

Ervick étant le plus âgé des naturels qui vinrent les premiers à bord, ce fut celui qu'on crut devoir interroger de préférence au sujet de la religion. Sackhouse lui demanda, par ordre du capitaine, s'il avait aucune connaissance d'un Être suprême; mais après avoir employé successivement tous les mots en usage dans sa langue pour l'exprimer, il ne put lui faire comprendre ce qu'il voulait dire. Il se convainquit cependant qu'il n'adorait, ni le soleil, ni la lune, ni les étoiles, ni aucune image, ou créature vivante. Lorsqu'on lui demanda pourquoi il y avait un soleil, ou une lune, Ervick répondit : « pour donner de la lumière. » Il n'avait aucune idée de la manière dont il avait été créé, ni d'un état futur; mais il dit que, lorsqu'il mourrait, il serait mis dans la terre. S'étant bien convaincu qu'il n'avait aucune idée d'un Être suprême, bienfaisant, le capitaine lui demanda, par l'entremise de Sackhouse, s'il croyait à l'existence de quelque mauvais esprit; mais Ervick ne comprit pas ce qu'il voulait dire. Le mot *Angekok*, qui signifie un magicien ou un sorcier, lui fut alors prononcé dans la langue des Esquimaux du Groënland Méridional. Il répondit qu'il y en avait beaucoup parmi eux; qu'ils pouvaient exciter une tempête ou la calmer, et éloigner les veaux marins, ou les faire venir; qu'ils apprenaient cet art des vieux Angekoks, dans leur jeunesse; qu'ils etaient très-redoutés; et qu'il y en avait généralement un dans chaque famille. Meigack fit précisément les même réponses. Il avait la même croyance, mais non pas autant d'intelligence qu'Ervick.

Apprenant qu'Otouniah, le neveu d'Ervick, garçon d'environ dix-huit ans, était un jeune *Angekok*, le capitaine le fit entrer dans sa cabane, et chargea Sackhouse de lui demander comment il avait appris cet art. « D'un vieux *Angekok*, répondit-il; il pouvait exciter le vent, et éloigner les veaux marins et les oiseaux : pour cela il avait recours à des gestes et à des paroles; mais ces paroles n'avaient pas de sens, et ne s'adressaient qu'au vent ou à la mer. » Il assura que dans ces sortiléges il ne recevait d'aide de personne, et l'on ne put lui faire comprendre ce que c'était qu'un bon ou un mauvais esprit.

Lorsqu'on dit à Ervick qu'il y avait un Être tout puissant et invisible, qui avait créé la mer et la terre, et tout ce qu'il voyait, il manifesta beaucoup de surprise, et demanda où cet être demeurait. Lorsqu'il apprit qu'il était partout, il conçut de vives alarmes, et montra beaucoup d'impatience de retourner sur le tillac. Lorsqu'on lui parla d'un état futur et d'un autre monde, il répondit qu'un sage, qui vivait long-temps avant lui, avait dit qu'ils devaient tous aller dans la lune, mais qu'on ne le croyait pas à présent, et que les autres ne savaient pas cette histoire. Ils croyaient néanmoins que des oiseaux et d'autres créatures vivantes en venaient. « Quoiqu'il n'y ait certainement aucune preuve, dit le capitaine Ross, que ces naturels aient aucune idée d'un Être suprême, ou d'un esprit, bon ou mauvais, la connaissance que nous avions de leur langue, était trop imparfaite pour que nous pussions obtenir sur ce sujet des détails qui ne laissassent rien à désirer; et les sorciers que ces Esquimaux ont parmi eux, et la tradition reçue autrefois qu'ils allaient tous dans la lune après leur mort, sont des circonstances qui pourraient plutôt faire adopter la supposition contraire. »

Nos voyageurs ne purent visiter les habitations de cette peuplade, et ils ne les virent qu'à une trop grande distance pour pouvoir juger de leur construction ou de leur commodité; mais, d'après la description donnée par les naturels, il paraît qu'elles sont toujours situées près de la mer, dans l'endroit le moins exposé à être couvert de neige. Ces maisons sont entièrement bâties en pierres; les murs sont enfoncés de trois pieds dans la terre, et s'élèvent de trois pieds au dessus. Les toits sont en forme d'arche, et les trous qui laisseraient pénétrer l'air, sont bouchés avec de la terre. Elles n'ont point de fenêtres. L'entrée est par un passage long, étroit, et presque souterrain. Le plancher est couvert de peaux sur lesquelles les naturels dorment ou s'asseyent. Plusieurs familles vivent dans une seule maison, et chaque famille a une lampe faite d'une pierre creusée, qui est suspendue au plafond, et dans laquelle ils brûlent l'huile de la licorne ou du veau marin : de la mousse séchée leur sert de mèche. Cette lampe, qu'on n'éteint jamais, sert à éclairer, à donner de la chaleur, et en même temps à faire cuire les alimens; car ils ont une manière particulière de faire bouillir, rôtir ou sécher leurs viandes, et cette occupation regarde exclusivement les femmes.

Ils mangent toutes sortes de viandes; mais ils préfèrent la licorne (1) et le veau

(1) L'unicorne, monocéros, narwal, ou licorne de mer, a vingt-deux pieds de longueur et douze de circonférence. Sa tête, qui est près du quart de la longueur du corps, est ronde, mince, et se termine en un museau rond et obtus. Bouche petite, point de dents. Une grande corne ou défense, toute tortillée, qui a quelquefois deux et souvent dix pieds de longueur, et qui s'avance de sa mâchoire supérieure, se détourne d'un côté, et s'amincit vers la pointe. Yeux et oreilles très-petits; un orifice derrière la tête pour respirer; dos large, convexe, et allant en diminuant vers

marin, dont la chair leur paraît plus huileuse, et d'un goût plus agréable. Le chien est aussi une nourriture qu'ils trouvent ex-

la queue qui est placée horizontalement, et qui se divise en deux lobes ovales et obtus. Corps de forme ovoïde; point de nageoires dorsales; mais une élévation remarquable s'étend de l'orifice vers la queue, et diminue graduellement de hauteur en en appprochant; deux nageoires pectorales; couleur généralement cendrée, avec de nombreuses taches noires de différentes formes; le ventre d'un blanc éclatant, et doux au toucher comme le velours.

Les mollusques et les actinies sont leur nourriture ordinaire. La licorne nage avec beaucoup de rapidité; mais, comme d'autres cétacées, elle ne peut rester long-temps sous l'eau sans respirer. Quoique douce en apparence, c'est un ennemi dangereux pour la baleine, et on l'a vu enfoncer sa corne dans le flanc d'un vaisseau. L'huile qu'on en tire est d'une qualité supérieure; et sa corne fut long-temps l'objet d'une espèce de respect superstitieux. On disait que c'était un remède efficace contre différentes maladies, et l'on en donnait un très-grand prix. Les Margraves de Bareuth en possédaient une qui leur avait coûté plus de 600,000 rixdales; et les rois de Danemarck ont un trône fait avec cette corne, lequel passe pour plus précieux que cellente; mais comme il leur est utile pour leurs traîneaux, ils n'en mangent que dans l'hiver, lorsqu'ils ne peuvent se procurer d'autres alimens. Voici leur manière de prendre les veaux marins. Ils saisissent le moment où ils sont endormis, ou, se couchant près des ouvertures qui se trouvent dans la glace, ils font un grand bruit pour les attirer sur la surface. Dès qu'il en paraît un, ils imitent son cri et ses mouvemens, et comme en outre ils sont revêtus de peau de veau marin, l'animal trompé, croyant rejoindre un de ses compagnons, s'approche d'eux avec une confiance funeste. Lorsqu'il est à portée, ils le frappent sur le museau avec une javeline faite de corne de narwal, et l'ont bientôt mis à mort. Ces stratagèmes sont généralement en usage parmi les Esquimaux, et c'est un grand mérite à leurs yeux que d'exceller dans ce genre de chasse. Aussi Sackhouse s'empressa-t-il de les engager à lui donner un échantillon de leurs

s'il était d'or. La corne est d'un plus beau grain, et se polit mieux que celle de l'éléphant. — (*Voyages au Spitzberg, par* Laing.)

talens en ce genre, et il convint qu'ils s'y prenaient encore mieux que les Groënlandais du midi.

Ils prennent le narwal par le moyen d'un harpon dont la partie barbelée a environ trois pouces de longueur. Ils nouent à ce harpon une corde d'environ cinq brasses de longueur, dont l'autre bout est attaché à une bouée faite de peau de veau marin, fermée comme un sac et gonflée. La pointe est fixée au bout du manche, de manière à pouvoir l'en séparer, lorsqu'elle est enfoncée dans le corps de l'animal, et l'on retire alors le manche par le moyen d'une corde qui y est attachée à cet effet. L'animal plonge aussitôt, et entraîne après lui la bouée qui le fatigue. Mais comme, de même que la baleine noire, il faut qu'il reparaisse sur la surface pour respirer, les naturels le suivent, et l'achèvent avec leurs javelots.

Le capitaine Ross ne put apprendre exactement de quelle manière ils tuaient les ours; mais ils lui dirent qu'ils les attaquaient dans l'eau. Ils prennent les lièvres et les renards dans des trappes faites en pierre, qui ressemblent à une petite grotte. Ces trappes ont une entrée étroite, qu'une pierre ferme en tombant, lorsque l'animal est entré pour prendre l'appât qui y a été placé. Les lièvres, vus par les gens de l'équipage, étaient blancs, à l'exception de quelques poils noirs, plus longs que les autres, dispersés sur tout le corps. Les renards étaient généralement noirs; on en vit aussi de blancs : d'autres étaient de la couleur ordinaire à ces animaux dans les pays Méridionaux. Malheureusement on n'en prit aucún, et il est impossible d'en donner une description détaillée. Les chiens qui sont les seuls animaux domestiques de cette peuplade, sont de différentes couleurs ; mais les noirs paraissent être les plus estimés. Ils sont de la taille d'un chien de berger; leur tête ressemble à celle d'un loup, et leur queue à celle d'un renard.

Un naturel des *Highlands Arctiques* ne chasse et ne voyage jamais que sur son traîneau, et il porte toujours avec lui sa javeline et son couteau. D'après la rapidité avec laquelle il le conduit, on peut présumer, sans exagération, qu'il pourrait faire cinquante à soixante milles par jour, et l'on sait, en effet, que les Groënlandais méridionaux en font autant. Ces naturels paraissent être de la malpropreté la plus dégoûtante; leurs figures, leurs mains et leurs corps sont couverts d'huile et de crasse, et l'on dirait qu'ils ne se sont jamais lavés depuis l'instant de leur naissance. Leurs cheveux sont imprégnés de crasse : cependant ils paraissent y tenir beaucoup; et un officier en ayant coupé une mèche à l'un des fils de Meigack, son père et lui furent très-mécontens, et parurent très-agités jusqu'à ce qu'elle leur eût été rendue. Ils l'enveloppèrent alors avec soin dans un morceau de peau de veau marin, et le fils la serra dans sa poche.

Chaque naturel se marie, lorsqu'il est en état de pourvoir aux besoins d'une nouvelle famille. Si sa femme a des enfans, il n'en prend pas d'autre; et il n'est pas non plus permis à l'épouse d'avoir un autre mari; mais si elle n'a point d'enfant, le mari peut prendre une autre épouse, puis une troisième, et ainsi de suite, jusqu'à ce qu'ils aient des enfans. Les femmes jouissent du même privilége. Ervick parlait avec beaucoup de tendresse de son épouse; il disait que c'était une bonne femme, parce qu'il en avait eu six garçons. Lorsqu'ils prenaient ou demandaient quelque objet de fantaisie, tel qu'un miroir ou un portrait, ils disaient tous que c'étaient pour leurs femmes. Ils témoignaient aussi beaucoup de respect pour leurs mères; l'un d'eux dit, par exemple, qu'il vendrait volontiers son traîneau, et un autre, qu'il voudrait bien céder sa tunique; mais que sa mère en serait mécontente. L'habillement des femmes paraît être le même que celui des hommes.

« Nous ne pûmes découvrir, dit le capitaine Ross, s'ils parvenaient ou non, à une grande vieillesse; car les vieillards avaient été envoyés dans les montagnes, ou s'étaient cachés à notre approche, et nous n'en vîmes jamais aucun. Je demandai à Ervick et à Meigack s'ils voulaient me donner un de leurs fils; mais ils s'y refusèrent, et aucuns présens ne purent les engager à se séparer d'un seul de leurs enfans. Aucun de ces naturels ne semblait disposé à quitter son pays ; ils paraissaient heureux et satisfaits ; leurs vêtemens étaient en bon état et très-bien assortis au climat, et de leur aveu, ils avaient des provisions en abondance.

« Ils reconnaissaient tous Tullouwak pour leur roi, et le représentaient comme un homme fort, très-bon, et fort aimé. Le nom de sa résidence était Petowack, qu'ils disaient être près d'une grande île qui ne peut être que l'île de Wolstenholme. Il avait, disaient-ils, une grande maison bâtie en pierre, presque aussi grande que le vaisseau ; il y en avait beaucoup d'autres près de celle du roi, et la plus grande partie des naturels y demeurait. Ils lui donnaient une partie de tout ce qu'ils prenaient ou buvaient, et ils retournaient dans cette île avec les fruits de leurs travaux, dès que le soleil disparaissait de l'horizon.

« On ne put leur faire comprendre ce que *guerre* voulait dire, et ils n'avaient aucune arme de guerre. Aussi donnai-je les ordres les plus stricts et les plus sévères, pour que personne ne leur montrât, ni ne leur donnât, sous aucun prétexte, des armes à feu, ni d'autres instrumens de carnage; et lorsqu'ils étaient avec nous, je faisais rappeler tous les détachemens envoyés à la chasse des oiseaux. Ils semblaient ne pas connaître de maladies : nous n'aperçûmes parmi eux aucun naturel difforme ou contrefait; et nous n'apprîmes point qu'il y en eût aucun. Nous ne vîmes point de femmes ni d'enfans; mais je ne doute pas que, s'il nous eût été possible de rester, les uns et les autres ne fussent venus nous voir.

« Telle est, ajoute le capitaine Ross, la susbtance des renseignemens que nous avons rassemblés pendant nos courtes relations avec cette peuplade intéressante. Ils peuvent paraître défectueux sous quelques rapports; mais on doit ne pas oublier que les vaisseaux étaient toujours en mouvement, principalement à cause de l'état du temps; ce qui nous empêcha d'envoyer aucun détachement à terre après le premier jour. Nous conservâmes l'espoir de connaître plus complètement ces naturels, jusqu'au dernier moment que nous fûmes obligés de quitter cette partie de la côte; et en avançant vers le Nord, nous nous flattions encore de voir leur roi, et d'obtenir de nouveaux renseignemens sur leur compte. Mais cet espoir fut trompé, comme on le verra par les événemens qui seront racontés dans le chapitre suivant. »

Les détails qu'on vient de lire jusqu'ici ont été principalement puisés dans la relation du capitaine Ross; nous croyons devoir y ajouter maintenant ceux qui suivent, et que nous trouvons dans le compte que rend de cette peuplade le capitaine Sabine.

« Ces Esquimaux, dit-il, habitent une partie de la côte Occidentale du Groënland, entre les parallèles de 76° et de 77°. Leur principale résidence d'hiver est à quelques milles au Nord du cap Dudley-Digges, qui se trouve sur presque toutes les cartes où l'on a figuré la baie de Baffin. De cette pointe, ils s'étendent jusqu'à la distance de trente à quarante milles de chaque côté, le long du rivage pendant les mois d'été, pour se livrer à la pêche. Nous ne vîmes que ceux qui se trouvaient à l'extrémité Méridionale de l'espace qu'ils occupent, et qui étaient dans une vaste baie formée par le changement de direction de la côte sous le soixante-seizième degré de latitude. Nous devons la plus grande partie des renseignemens que nous possédons sur cette nouvelle peuplade à notre précieux interprète, Jacques Sackhouse. Sans lui, nous n'aurions pas soupçonné, ou du moins nous n'aurions pu nous convaincre que, quoique ce soient de véritables Esquimaux, ne différant presque aucunement, ni par l'extérieur ni par leurs mœurs, de ceux du Midi, il s'est cependant écoulé tant de temps depuis qu'ils se sont établis sur cette côte, qu'ils ignorent qu'il existe dans le monde d'autres peuples qu'eux-mêmes, et d'autres lieux que celui qu'ils habitent. Sans lui, nous n'aurions pas joui du plaisir inexprimable que nous eûmes à être témoins des premières impressions qu'un monde s'ouvrant à leur vue ne pouvait manquer de produire sur des esprits neufs et sans expérience.

« Je me propose de donner une courte relation de nos entrevues, ainsi que le détail des renseignemens que nous recueillîmes. Je pris de grandes peines pour en obtenir de corrects. Sackhouse parlait anglais, mais imparfaitement; et il arriva assez souvent que l'on s'aperçut dans le cours de ce voyage, qu'on n'avait pas bien compris ce qu'il avait voulu dire. J'évitais donc avec soin de l'étourdir en l'accablant de questions, et je lui laissais raconter lui-même son histoire, prenant des notes de ce qu'il disait, et les laissant reposer pour le moment. Au bout de quelques jours, je le remettais sur le même sujet, j'écrivais de nouveau son récit, et je le comparais ensuite avec celui qu'il m'avait fait précédemment. Je crois donc pouvoir garantir la fidélité de tous les renseignemens dont je lui suis redevable. »

Le capitaine Sabine raconte alors les différentes entrevues qu'ils eurent avec les s quimaux; il donne, entre autres, sur la seconde visite rendue par ces naturels, des détails beaucoup plus étendus que le capitaine Ross. Nous allons en rapporter quelques-uns.

« Nous reçûmes, le 13 août, la visite d'un naturel nommé Meigack, et de son fils, qui pouvait avoir environ douze ans. Comme la nouvelle s'était répandue parmi les peuplades, que les vaisseaux étaient de très-jolies maisons, et contenaient de braves gens, qui donnaient du fer et du bois, il parut assez à son aise dès le premier moment, et examina avec beaucoup d'attention tout ce que nous lui montrâmes. Pendant que nous lui adressions différentes questions dans la cabane du capitaine, il s'amusa à examiner le contenu du tiroir d'une table, qui renfermait du papier, des plumes et de l'encre. Il prit tour à tour chaque objet dans ses mains, et le considéra attentivement; mais ce qu'il trouva de plus curieux, et ce qui lui plut davantage, ce fut un paquet de plumes, fermé par un bout avec un papier bleu, tel qu'on les vend dans les boutiques. En replaçant le tiroir, il le mit d'abord à rebours; mais il reconnut lui-même son erreur, ce qui lui fit grand plaisir; et il l'ôta plusieurs fois ensuite pour nous faire voir qu'il savait bien le remettre. Nous lui montrâmes les Indiens du Nord-Ouest, dans le Voyage de Vancouver; mais ces gravures parurent n'exciter en lui qu'un intérêt secondaire.

« Un des officiers voulut faire pour l'amuser quelques tours d'escamotage; mais peu s'en fallut qu'ils ne produisissent l'effet tout-à-fait contraire. Meigack prit aussitôt un air grave et sévère; et, quelqu'un lui ayant montré du doigt l'officier, en prononçant le mot d'*Angekok*, ou sorcier, il sortit tout alarmé, suivi de son fils; et il était déjà sur le tillac, lorsque Sackhouse le rejoignit et le ramena, en l'assurant que nous n'avions point d'*Angekok* parmi nous, et en s'efforçant de lui expliquer le tour qui l'avait effrayé. Son attention fut bientôt détournée sur d'autres objets; mais nous remarquâmes qu'il continua à regarder cet officier de mauvais œil, qu'il s'éloignait de lui continuellement, et qu'il n'en recevait des présens qu'en manifestant beaucoup de crainte et de défiance. Contre l'usage de ses compagnons, Meigack ne montra pas la moindre propension à rien prendre sans qu'on le lui donnât. Il demandait tout ce qui lui plaisait, et nous remarquions avec plaisir que c'étaient presque toujours des choses qui pouvaient lui être utiles. Lorsqu'on accédait à ses désirs, il exprimait sa joie et sa reconnaissance avec une chaleur qui faisait son éloge. Il montra pour son épouse une considération qui n'est pas ordinaire parmi les sauvages, disant qu'il lui porterait telle et telle chose, du fil et des aiguilles, par exemple, dont on lui donna une petite provision. Comme il tenait un verre à la main, et qu'il semblait désirer savoir ce que c'était, notre interprète n'ayant pas dans sa langue d'expression qui pût le lui expliquer, se servit du mot *sicou*, de la glace. Mais Meigack nous donna une nouvelle preuve de son bon sens. Il tint un moment le verre entre ses mains, et nous fit voir qu'elles n'étaient pas mouillées, prouvant ainsi que ce ne pouvait être de la glace. Il partit comblé de présens, qu'il serra dans une espèce de sac fermé avec une corde, et qu'il plaça sur son traîneau.

« Sackhouse l'accompagna une partie du chemin. Meigack lui dit qu'il était enchanté de la réception qu'on lui avait faite, et il le pria de venir avec lui, afin qu'il pût nous envoyer quelques peaux en présent. La hauteur de la chambre du capitaine l'avait frappé, par le contraste qu'elle formait avec celle de leurs misérables cabanes. Il dit qu'il avait toujours demeuré dans une maison très-basse, et dont la porte ne l'était pas moins; mais qu'il y ferait des changemens, et que, si nous revenions, nous verrions qu'il avait profité de ce qu'il avait vu. On ne pouvait voir sans plaisir que même, parmi ces pauvres gens qui avaient toujours vécu d'une manière si misérable, il se trouvait des individus qui n'étaient pas insensibles aux douceurs de la vie, et au désir d'améliorer leur sort.

« Cet homme avait quatre enfans : celui qui l'accompagnait était sujet à de violens saignemens de nez, qui sont communs dans le Groënland.

« Tous les Esquimaux que nous vîmes, avaient chacun un instrument grossier qui leur servait de couteau. Le manche est d'os, a de dix à douze pouces de longueur, et est de la forme du manche d'un couteau fermant. Dans une rainure pratiquée sur le bord, sont insérés différens morceaux de fer aplati, dont le nombre varie de trois à sept, et qui occupent généralement la moitié de la longueur. Ils n'emploient aucun moyen pour attacher ces morceaux au manche, si ce n'est celui qui est à l'extrémité du couteau, qui a presque toujours deux tranchans, et qui y est grossièrement rivé. Leur ayant demandé d'où ils tiraient le fer, nous crûmes d'abord comprendre qu'ils l'avaient trouvé sur le rivage, et nous supposâmes que des cercles de tonneaux avaient pu être jetés par le vent sur la terre. Nous étions cependant surpris de voir avec quelle facilité ils consentaient à nous céder leurs couteaux. Il est vrai qu'ils recevaient en échange des instrumens infiniment supérieurs; mais ils ne paraissaient pas attacher au fer autant de valeur que nous aurions été portés à le supposer, s'ils n'en avaient eu qu'une petite quantité qu'ils devaient au hasard.

« Cette circonstance fit naître parmi nous une discussion dans laquelle quelques officiers, qui étaient présens lorsque les Esquimaux avaient été interrogés, parurent douter qu'on eût bien compris l'interprétation de Sackhouse. On le fit donc venir de nouveau, et on lui demanda de répéter ce que les Esquimaux avaient dit au sujet du fer des couteaux. Nous eûmes soin de lui laisser raconter son histoire sans l'interrompre. Il dit alors que ce n'était pas du fer anglais ou danois, mais du fer esquimaux; qu'il provenait de deux grandes pierres qui étaient sur un rocher près de la côte devant laquelle nous avions passé dernièrement, et qui était alors en vue; qu'en frappant, ils en faisaient jaillir de petits morceaux, qu'ils aplatissaient ensuite entre d'autres pierres. Il répéta la même chose deux ou trois fois; de sorte que nous ne pûmes douter de l'avoir bien compris.

« En réponse à d'autres questions que nous lui adressâmes, nous apprîmes qu'il n'avait jamais entendu parler de pierres de cette sorte dans le Groënland Méridional ; que les Esquimaux avaient dit qu'ils n'en connaissaient point d'autres que les deux qu'ils avaient découvertes sur ce rocher; que le fer se détache de la pierre exactement dans l'état où nous l'avions vu , et qu'on l'aplatit en le battant sans l'exposer au feu. Les naturels qui vinrent ensuite, confirmèrent ce rapport, et ils ajoutèrent une autre circonstance assez curieuse; c'était que les pierres n'étaient pas semblables, l'une étant entièrement de fer, et si dure et si difficile à briser, qu'ils ne pouvaient détacher de morceaux que de l'autre , qui était composée principalement d'une substance dure et noire, d'où ils retiraient de petits morceaux de fer. Un des naturels à qui nous demandâmes de décrire la grosseur de chacune de ces pierres, décrivit avec la main un cube de deux pieds, et ajouta qu'elles passeraient par la fenêtre de la chambre du capitaine, qui avait plutôt davantage. Le rocher est sous le 76° 10′ de latitude, et sous le 64e 3/4′ de longitude. Les naturels le nomment *sowilic*, de *sowic*, nom que porte le fer parmi eux ainsi que parmi les Groënlandais du Midi. Sackhouse me dit que ce mot signifiait originairement une pierre dure et noire, dont les Esquimaux du Midi faisaient des couteaux, avant que les Danois eussent introduit le fer parmi eux, et que ce fer étant employé au même usage reçut le même nom. Je suppose que les Esquimaux du Nord l'ont appliqué de la même manière au fer que le hasard leur a fait découvrir.

« Nous voyons, dans la Relation du troisième Voyage du capitaine Cook, que les habitans de la baie de Norton, qui est dans le voisinage immédiat du détroit de Behring, appellent le fer qu'ils se procurent des russes, *Shawic*, ce qui est évidemment le même mot. La couleur particulière de ces morceaux de fer, et l'absence de rouille, fortifiaient la présomption qu'ils étaient d'origine météorique, ce qui, depuis, a été prouvé par l'analyse.

« Les seules armes que nous leur ayons

vues, sont les couteaux dont nous venons de faire la description, et une javeline très-grossière, d'environ cinq pieds de longueur, faite de fragmens d'os ou de corne de narwal. Ces fragmens n'ont pas de forme ni de nombre déterminés. Ils sont simplement liés ensemble avec des nerfs de veau marin ou des courroies faites de leur peau. Ces javelines ont généralement pour pointe une dent de cheval marin : nous en vîmes cependant une au bout de laquelle était un morceau de fer météorique. Afin de la tenir plus fermement, ils attachent au milieu un petit os, qui passe entre le troisième et le quatrième doigt, lorsqu'ils font usage de cette arme. Ils attachent aussi quelquefois à ces javelines des vessies de peau de veau marin, pour empêcher l'animal qu'ils ont frappé, de couler au fond de l'eau.

Nous fûmes très-surpris de ne pas leur voir des canots, et d'apprendre qu'ils n'avaient aucun moyen d'aller sur l'élément d'où ils tirent la plus grande partie de leur subsistance. Tous les Esquimaux que l'on connaissait auparavant, et même tous les habitans de la côte de l'Amérique Septentrionale depuis la Baie du prince William au Nord-Ouest, jusques aux côtes du Labrador et du Groënland, à l'exception de cette peuplade, avaient des canots d'une construction très-remarquable, et qui était partout la même. Nous nous efforçâmes de découvrir s'ils savaient par tradition que leurs ancêtres en eussent fait usage. Tout ce que nous apprîmes, ce fut que leurs pères pouvaient tuer des baleines, et qu'ils étaient hors d'état de le faire; mais ils ne purent nous expliquer par quel moyen. Ni l'un ni l'autre des mots esquimaux pour exprimer des canots, *Kayak* et *Umiak*, ne leur étaient connus; et ils ne paraissaient même pas se faire une idée de ce qu'un canot pouvait être, avant d'avoir vu celui de Sackhouse qui était à bord du vaisseau. Nous regrettâmes doublement alors que ce pauvre garçon se fût brisé la clavicule, ce qui l'obligeait à tenir son bras en écharpe, et ce qui l'empêcha de montrer l'adresse et la rapidité avec laquelle il le dirigeait; c'eût été tout à la fois un plaisir pour lui, et un spectacle utile et intéressant pour eux : ils l'examinèrent néanmoins avec beaucoup de curiosité, et parurent en sentir vivement l'utilité. Meigack surtout fut frappé de sa construction : il désirait l'acheter, et offrait une quantité de peaux en échange. Nous lui conseillâmes de se mettre à en faire un, ce qu'il sembla disposé à essayer; mais il nous dit qu'une partie de la carcasse était faite de bois, et qu'il n'en avait point. Nous lui répondîmes que des os pourraient servir également, et il promit de se mettre bientôt à l'ouvrage.

» Je ne doute point que, si nous leur rendons visite cette année, nous ne trouvions qu'ils auront fait quelque tentative de ce genre. Je voudrais qu'ils eussent vu le canot sur l'eau, parce qu'il eût fait une impression beaucoup plus profonde sur leur esprit, et qu'ils eussent été plus disposés à l'imiter.

» C'est une circonstance très-extraordinaire qu'ils n'aient point de canots. Il est difficile de concevoir comment, s'ils en avaient connu l'utilité, ou qu'ils eussent jamais possédé l'art de les faire, il se peut qu'à présent ils ignorent l'un et l'autre. Les matériaux ne leur manquent point; ils ont autant de peaux qu'ils peuvent en désirer, et quoiqu'ils n'aient point de bois, ils ont des os de narwal et de veau marin, qui serviraient presque aussi-bien pour la carcasse du canot; du moins l'adresse, excitée dans la vie sauvage par la nécessité, apprendrait bientôt à en tirer parti. Du reste, leur position n'est pas moins favorable pour l'emploi des canots, que celle de beaucoup d'autres établissemens esquimaux. La mer était beaucoup moins encombrée de glaces dans cet endroit, que nous ne l'avions trouvée pendant plusieurs degrés au Midi; la côte surtout était entièrement libre au Nord du cap Dudley-Digges, et les naturels nous dirent qu'elle l'était toujours pendant l'été. Le détroit de Wolstenholme, qui, comme dit Baffin, contient beaucoup de petites baies, doit être un endroit excellent pour la pêche des veaux marins et des narwals.

» D'un autre côté, il ne paraît pas probable que les canots fussent inconnus à leurs ancêtres. De quelque manière, et par quelque route que les Esquimaux se soient répandus le long des côtes de l'Amérique Septentrionale, ils doivent certainement avoir apporté leurs canots avec eux. L'identité de ceux qui sont en usage d'un bout de cette vaste chaîne à l'autre, et leur construction particulière et très-ingénieuse, le prouve jusqu'à l'évidence. Combien n'est-il donc pas étonnant d'avoir trouvé dans cet intervalle immense un point où ils ne sont pas connus ?....

» Les Esquimaux du Nord mettent de côté des provisions pour l'hiver, dans des trous creusés sous terre, comme c'est l'usage dans le Midi. Leurs fêtes sont du même genre. Plusieurs familles se rassemblent pour manger ce qu'ils regardent comme leur plus grand régal : c'est un veau marin qu'on a conservé dans un de ces gardes-mangers souterrains, jusqu'à ce qu'il soit un peu plus que tendre, et il se mange alors sans aucune sorte de préparation. Ils préfèrent la viande crue, à moins qu'elle ne soit bien fraîche. C'est un goût général parmi les Esquimaux. Sackhouse m'a souvent parlé avec beaucoup de feu et d'énergie, des plaisirs et des amusemens qui font le charme de ces réunions, et grâce auxquels ils oublient la longueur de l'hiver. Il me confirma entièrement tout ce que Crantz dit de la bonne humeur qui ne cesse jamais d'y présider. Privés de presque tout ce qui, selon nous, constitue le bonheur de la vie, les Esquimaux sont néanmoins heureux, heureux même en comparaison de ceux qui sont beaucoup mieux partagés sous les autres rapports ; et leur bonheur provient de la douceur de leur caractère, de l'harmonie qui règne entre eux, et du soin avec lequel ils semblent éviter de se quereller les uns les autres.

» Ils vivent en familles, et nous n'avons pas lieu de croire que dans leurs réglemens sociaux ils diffèrent en aucune manière du reste des Esquimaux. Le chef de la famille exerce sa surveillance sur tous les autres membres, et aucune autre autorité n'a droit de s'opposer à la sienne.

» Ils ont aussi leurs *angekoks*, ou personnes qui prétendent avoir des relations avec les esprits, et en obtenir le pouvoir de guérir les maladies et de prophétiser. Les *angekoks* leur disent que, lorsqu'ils mourront, ils iront dans la lune, où ils auront du bois en abondance. Les quatre naturels qui vinrent les premiers à bord, et qui s'imaginaient que nous venions de cette planète, lorsqu'ils apprirent que le vaisseau était de bois, se dirent l'un à l'autre, d'un air très-significatif, « qu'il y avait beaucoup de bois dans la lune. » Ils fournissent une nouvelle preuve que l'homme, même dans un état de nature, est pénétré de l'idée qu'il vivra dans un autre monde, quoiqu'il n'entrevoie guère d'autre aspect de bonheur que celui de posséder en abondance tout ce qu'il a estimé le plus, ou dont il a senti le plus vivement la privation pendant sa vie.

» Nous fûmes surpris d'apprendre qu'ils ne connaissaient pas le mot Esquimaux, pour exprimer un renne, *tukton ;* et en prenant de nouveaux renseignemens, nous eûmes lieu de croire que cet animal ne se trouve pas dans cette partie du Groënland; car ils ne le reconnurent pas, à la description que leur en fit Sackhouse. Ils ne connaissaient que deux grands animaux terrestres, indépendamment de ceux qui leur servent de nourriture, et dont nous avons parlé précédemment : c'étaient l'*amarok* et l'*umimuk;* mais ils dirent qu'ils n'avaient aucun moyen de les tuer. L'*amarok* fut connu de nom aux auteurs qui ont écrit sur le Groënland; mais il n'a jamais été décrit par aucun naturaliste. Sackhouse dit qu'il est assez commun dans les environs de la baie de Jacob et de celle de Disco, où son cri se fait entendre pendant la nuit; mais comme c'est un animal féroce et sauvage, il est fort rare que les naturels puissent le tuer. Il ressemble au chat, si ce n'est qu'il est trois fois plus gros. Sa peau est tachetée; il vit dans des trous sur les rochers, et se nourrit de lièvres et de coqs de bruyère, qu'il guette en s'étendant sur la terre, et sur lesquels il se précipite, dès qu'ils sont à sa portée.

» Nous savons encore d'une manière moins certaine ce que c'est que l'*umimuk*. Fabricius, dans la *Fauna Greënlandica*, page 28, décrit sous ce nom un animal dont il avait vu la tête et une partie de la carcasse, qu'on avait trouvées sur un champ de glace dans la mer du Groënland. Croyant qu'aucun animal de cette sorte n'habitait la côte Occidentale, il conjecturait qu'il avait été entraîné par la glace, soit du Groënland Oriental, ou plus probablement de la côte Septentrionale de l'Asie. Le crâne était brisé, et il manquait une des cornes; mais d'après l'autre, qui était lisse et tournée en dehors, et d'après les sabots et le poil qui était long, noir, et bien fourni, il le regarda comme identifié avec le *bos grunniens* de Linnée. Quel qu'ait été l'animal original, le nom d'*umimuk* a été appliqué depuis à la race de bestiaux amenée d'Europe par les Danois. Il paraît néanmoins qu'il y a effectivement un grand quadrupède à cornes, qui habite le Groënland, et qui est appelé *umimuk* par les Esquimaux, qui n'ont jamais eu de relations avec les Danois. On peut douter que ce soit le même que vit Fabricius; mais il paraît très-peu probable qu'aucun des deux soit le *bos grunniens*. Sackhouse leur prononça les noms des différentes espèces de poissons qu'on trouve dans le Groënland Méridional; mais ils n'en avaient jamais entendu parler; et lorsqu'il leur demanda de nommer les poissons qu'ils connaissaient, ils ne parlèrent que du veau marin, du cheval de mer, du narwal et de la baleine. Le capitaine Cook dit que, « dans la mer Pacifique, il ne se trouve de petits poissons d'aucune espèce au Nord du soixantième degré; mais que les baleines y sont en plus grand nombre ». Différentes espèces de petits poissons abondent cependant dans la mer du Groënland, jusqu'à une latitude beaucoup plus élevée que 60°, quoique probablement il ne s'en trouve plus au 76°....

« J'étais d'autant plus curieux d'apprendre de quelle manière ils divisaient le temps, que, dans ces latitudes élevées, la nature ne fait pas de distinction très-marquée des jours et des heures, pendant une grande partie de l'année, on pourrait même dire à aucune époque. Je craignais d'avoir de la peine à faire comprendre à Sackhouse la nature de la question que je désirais qu'il fît; mais je ne lui rendais pas justice. Je vis que sa curiosité s'était déjà dirigée sur le même point. Il avait voulu savoir des naturels qui avaient témoigné le désir de revenir à bord, *quand* nous devions nous attendre à les revoir; mais il n'avait pu en obtenir d'autre réponse que, *bientot*, celle de toutes leurs expressions qui paraissait se rapprocher le plus d'un terme défini. Ils ne connaissaient pas le mot *akaou*, par lequel les Groënlandais du Midi expriment le lendemain; car Sackhouse remarqua qu'ils n'ont point de lendemain. Ils n'emploient pas non plus le flux et le reflux de la marée pour division de temps, ce qui est pourtant ordinaire parmi les Esquimaux. D'après ce que nous pûmes apprendre, ils ne faisaient aucune espèce de distinction quelconque; mangeant lorsqu'ils ont faim, dormant lorsqu'ils ont sommeil, et dirigeant leurs traîneaux sur la glace, jusqu'à ce qu'eux ou leurs chiens soient fatigués. Telle fut du moins l'impression que leurs réponses produisirent sur l'esprit de Sackhouse ; mais il est néanmoins probable qu'ils ont quelque manière de diviser le temps, que nous ne pûmes découvrir.

» Comme c'était un point d'une grande importance que de determiner jusqu'à quel point leur langage différait de celui des naturels qui habitent la partie Méridionale du Groënland, je pris beaucoup de peine, tant au moment même, que dans plusieurs conversations que j'eus ensuite avec Sackhouse, pour obtenir des renseignemens corrects sur ce sujet. Crantz a fait l'observation qu'il y a une différence dans le dialecte et dans la prononciation, entre les Esquimaux du Labrador, ceux du Groënland Méridional, et ceux qui habitent le pays au Nord de l'île de Disco jusqu'aux îles des Femmes. Sackhouse, qui était natif de la baie de Disco, parlait ordinairement dans le dialecte du Midi; mais il connaissait aussi celui des îles des Femmes, qu'il avait appris dans son enfance. Il dit que la différence entre la langue de ces naturels, et celle en usage aux îles des Femmes, était à peu près la même que celle qui existait entre les deux dialectes qu'il savait auparavant, et que cette différence consistait principalement dans la prononciation lente et traînante des premiers, rendue plus sensible, parce que les mots qu'ils allongent ainsi, ont été au contraire abrégés par l'usage dans le Midi. Il fut en conséquence assez difficile aux naturels et à Sackhouse de s'entendre réciproquement lors de la première entrevue; mais quelque courtes que furent nos relations avec eux, Sackhouse réussit à adopter leur langage assez bien pour se faire entendre parfaitement. Je crois même que ce qui ajouta beaucoup à l'embarras qu'il éprouva la première fois, ce fut l'agitation que lui causa la joie de découvrir une peuplade d'Esquimaux, et qui le fit parler encore plus vite qu'à l'ordinaire. Malgré les peines qu'il prit pour se rappeler et pour me communiquer les mots qui n'étaient pas les mêmes dans les deux langues, le petit nombre que contient ma liste est une preuve curieuse du peu de changement qu'une langue peut subir même pendant un grand nombre d'années, lorsqu'il n'y a pas, ou du moins presque pas, de communications avec l'étranger; et même parmi ce petit nombre de mots, plusieurs servent à exprimer des idées nouvelles, qui proviennent des relations des Esquimaux du Midi avec les Danois. La langue ne paraît pas différer, pour la construction, de celle du Midi. Elle a les mêmes inflexions compliquées, et la même manière de décliner par le moyen des terminaisons. Les nombres sont les mêmes.

» Je joins ici quelques mots qui diffèrent dans les deux dialectes, et quelques autres qui sont les mêmes, et qui, étant le plus en usage, suffisent pour montrer l'identité des deux langues.

FRANÇAIS.	ESQUIMAUX. DU NORD.	ESQUIMAUX. DU MIDI.
Femme.	Arneweset.	Arnet.
Jeune homme.	Innugnowak.	Innushotok.
Harpon.	Oloetuk.	Toukuk.
Manche de harpon.	Ippoa.	Ermeinik.
Guillemot (oiseau).	Pyeachuswit.	Akput.
Chemise de peau de canard.	Ati.	Timiset.
Capuchon de tunique.	Ilpaousuk.	Okoutak.
Pierre noire des lampes.	Okekesuk.	Ouyarach (pierre quelconque).
Crochet auquel la lampe est suspendue.	Kelipsiut.	Housut.
Alcas (oiseaux).	Akpalliarsuk.	Akpalliarshuswit.
Viande bouillie.	Otelu.	Osotoclu.
Traîneau.	Kamoutic.	Kamoutipalouit.
Trait pour les chiens.	Pittiutet.	Upiutet.

FRANÇAIS.	ESQUIMAUX.
Homme.	Iunuk.
Hommes.	Innuit.
Fils.	Enra.
Fille.	Pani.
Yeux.	Pisik.

FRANÇAIS.	ESQUIMAUX.
Nez.	Kingak.
Bouche.	Kannek.
Peau.	Hammuk.
Soleil.	Succanuk.
Feu.	Innek.
Veau marin.	Puisi.
Chien.	Kimuk.
Glace.	Sicou.
Eau de mer.	Himmok.
Eau douce.	Himuk.
Cheval marin.	Havuk.
Baleine.	Haphuk.
Un.	Attausit.
Deux.	Arlek.
Trois.	Pingasut.
Quatre.	Sissimat.
Cinq.	Tellimat.

« Parmi les différentes conjectures, par lesquelles on a cherché à établir la probabilité d'un passage Nord - Ouest, je suis surpris qu'on ait à peine remarqué, et c'est pourtant un fait digne d'observation, que le même peuple se trouve sur les côtes du détroit de Behring, et sur celles des baies de Baffin et d'Hudson. Le caractère de leur physionomie, leur habillement, leur manière de vivre, et leur langage, autant du moins qu'on le connaît, prouvent suffisamment que les habitans de ces différens endroits sont tous Esquimaux. L'intérieur d'une habitation à la baie de Norton est le portrait exact de celle d'un Groënlandais, dans toutes ses particularités dégoûtantes. Leurs coutumes bizarres sont les mêmes. Ils préfèrent la viande et le poisson crus, n'ont d'autre feu que leurs lampes, et ont beaucoup d'autres points secondaires d'identité. Mais le plus important, à l'appui de la probabilité d'un passage, a déjà été rapporté; c'est que leurs canots et les instrumens de pêche qui y sont attachés, sont les mêmes. « On en sait assez, dit le capitaine Cook, pour pouvoir avancer qu'il y a grandement lieu de croire que ces nations (les habitans de l'Amérique Nord-Ouest, et les Esquimaux) sont de la même extraction; et si cette conjecture est vraie, on ne peut guère douter qu'il n'existe au Nord une communication quelconque par mer, au moyen de la baie de Baffin, entre cette côte Occidentale de l'Amérique et la côte Orientale. »

« Les Esquimaux sont entièrement et radicalement distincts des Indiens de l'intérieur. Ils n'occupent que la côte ; ils ne la quittent jamais, et ils ne pourraient le faire, sans que leurs usages et leur genre de vie changeassent entièrement. Il y a donc la présomption la plus forte qu'ils ont pénétré dans les baies d'Hudson et de Baffin, en suivant la mer. Dans ce cas, ils doivent avoir suivi, ou les bords d'une communication directe par eau, ou les côtes Septentrionale et Orientale du Groënland, en doublant le cap Farewell ; mais il il y a de bonnes raisons pour croire qu'ils ne vinrent point par cette dernière route ; car les Danois étaient établis dans le Groënland Occidental avant les Esquimaux, dont il n'est parlé pour la première fois, que lorsque ceux-ci s'avançant *vers le Sud* dans le quatorzième siècle, rencontrèrent les colonies danoises *les plus Septentrionales*. Il est donc plus probable qu'ils ont suivi la première route sur laquelle Hearne et

Mackenzie les ont vus à des points intermédiaires de la côte d'Amérique. Ce fait m'a toujours paru l'une des présomptions les plus fortes que ces voyageurs pénétrèrent effectivement jusqu'au voisinage immédiat de la mer. »

CHAPITRE VII.

Départ des deux vaisseaux. — Neige rouge. — Conjectures sur la cause de ce phénomène. — Détroit de Wolstenholme. — Détroit de Whale. — Détroit de Smith. — Détroit de Jones. — Détroit de Lancaster. — Espérances qu'il donne. — On y avance de dix lieues. — Le capitaine Ross voit la terre au fond du détroit. — Diverses observations à ce sujet.

Le 16, dans la matinée, une brise favorable écarta les glaçons, et permit aux navires de remettre à la voile. Après avoir doublé un cap que les naturels avaient indiqué sous le nom de Sichilik, et auquel le capitaine donna celui du duc d'York, sous la latitude de 75° 57', on envoya une chaloupe à terre. On y trouva les restes de quelques huttes qui paraissaient abandonnées depuis plusieurs années. A peu de distance étaient des amas de pierres, indice ordinaire des sépultures des Esquimaux. Sous de plus petits tas de pierres, on trouva une grande quantité de ces oiseaux nommés *Rotges*, et qui sont une espèce d'*Alca*. C'était sans doute une provision faite par les naturels, probablement par ceux avec lesquels on venait d'avoir diverses communications, et qui avaient dit qu'ils habitaient ordinairement un pays plus au Nord. Ces oiseaux ne paraissaient pas avoir été tués depuis plus d'un mois; car ils étaient encore frais, quoiqu'on n'eût pris aucune précaution pour les conserver, et qu'ils n'eussent été ni vidés ni plumés. Il est probable que les naturels les avaient tués à coups de pierres; car ces oiseaux ne sont pas farouches, et ils se laissent aisément approcher. On y vit quelques renards blancs et roux, et un plus grand nombre de noirs; mais on tira plusieurs fois sur eux, sans pouvoir en tuer un seul.

Cinq ou six milles plus loin, la neige qui couvrait les rochers, présentait un phénomène assez singulier, étant d'une couleur rouge foncée. On envoya quelques officiers sur le rivage, et ils rapportèrent une certaine quantité de cette neige, dont la couche toute entière jusqu'au rocher était empreinte de la même couleur, quelquefois dans une profondeur de dix à douze pieds. On l'examina sur-le-champ avec un microscope qui grossissait cent dix fois les objets, et l'on reconnut que la substance colorante se composait de petites particules rondes, toutes de la même grosseur, et d'un rouge foncé. L'opinion générale des officiers qui l'examinèrent au microscope, fut que cette matière devait être végétale, et cette opinion semblait se fortifier par la nature des lieux où cette neige se trouvait. C'était sur le flanc de montagnes d'environ six cents pieds de hauteur, sur le sommet desquelles on voyait une végétation d'un verd jaunâtre et d'un brun tirant sur le rouge. Ces montagnes couvraient un espace d'environ huit milles : derrière, à une distance considérable, on en apercevait d'autres qui étaient encore plus élevées; mais la neige qui les couvrait était blanche.

On fit fondre une partie de cette neige, et elle produisit une eau semblable à du vin de Porto, trouble. Au bout de quelques heures, elle déposa un sédiment, et la couleur de l'eau devint beaucoup moins foncée. On le fit sécher, et en l'examinant au microscope, on le trouva entièrement composé d'une matière rouge, qui, appliquée sur le papier, le teignait en carmin.

Bien des officiers attribuèrent cette couleur aux excrémens des rotges ou alcas, dont une multitude infinie couvrait ces rochers, et qui se nourrissent principalement de petites chevrettes rouges. Le capitaine Ross ne partagea pas cette opinion, et la raison qu'il en donne paraît péremptoire; c'est qu'en beaucoup d'autres endroits on avait vu ces oiseaux réunis sur la neige en aussi grand nombre, et qu'elle n'en était pas moins blanche. Pour se faire une idée de la quantité prodigieuse de cette espèce d'oiseaux dans ces parages, il suffira de dire que d'un seul coup de fusil on en abattait quelquefois vingt à trente. Le 15, en cinq ou six heures, on en avait tué douze cent soixante-trois. On en remplit des tonneaux, sans autre précaution que de les séparer les uns des autres par une couche de glace pilée; ils se conservèrent parfaitement, et servirent à la nourriture de l'équipage, qui en trouva la chair fort bonne.

Une autre opinion était que cette substance rouge pouvait être le frai de la petite chevrette rouge, qui se trouve en grande abondance dans ces parages. Mais le capitaine Ross la refute avec non moins de succès, en faisant observer que dans quelques endroits, les rochers dont les flancs étaient couverts de cette neige, étaient situés à plus de six milles de la mer.

On rapporta en Angleterre des échantillons d'eau de cette neige conservée dans des bouteilles, et du sédiment qu'elle déposait. Le docteur Wollaston fut chargé d'en faire l'analyse, et d'après les diverses épreuves auxquelles il soumit la matière colorante, il penche vers l'opinion qui lui attribue une origine végétale, sans oser pourtant la donner comme certaine; « faute, dit-il, de connaître suffisamment les productions du pays où cette neige s'est trouvée. » On consulta l'Encyclopédie de Rées, au mot *neige*, et l'on y vit que M. Saussure, qui en trouva de semblable sur les Alpes, attribue aussi cette couleur aux poussières de quelque plante. Le capitaine nomma cet endroit *Crimson cliffs*, ou rochers cramoisis.

Près de l'endroit où la barque aborda, le sol était couvert d'une belle mousse douce, dont les naturels se servent en guise de mèches pour leurs lampes; et dans quelques endroits, on voyait même des touffes d'herbe qui avaient huit à neuf pouces de longueur.

On passa, dans la soirée du 17, près du cap Dudley-Digger, que Baffin décrit comme reconnaissable par une petite île située à sa hauteur. On vit effectivement cette île, qui est de forme conique et fort escarpée. Ce cap est plus rapproché de quelques milles du côté du Sud, que Baffin ne l'a placé; car on trouva pour sa latitude 76° 05' 24", et il lui donne celle de 76° 35'. A six milles au Nord de ce cap, on vit un magnifique glacier qui remplissait un espace d'environ quatre milles carrés, et qui s'étendait d'un mille dans la mer. Sa hauteur était au moins de mille pieds. Au Nord de ce glacier, on distinguait parfaitement des huttes d'Esquimaux, ce qui fit croire que c'était Petowack dont les naturels de la baie du Prince-Régent avaient parlé. Le 18, dans la matinée, en approchant de l'île de Wolstenholme, à l'entrée de la baie qui porte ce nom, le capitaine Ross envoya une chaloupe vers la terre; mais un épais brouillard étant survenu, il fut, dit-il, obligé de la rappeler. Cette baie était entièrement bloquée par les glaces. Elle paraissait avoir dix-huit à vingt lieues de profondeur : la terre, des deux côtés, paraissait habitable; mais on n'y vit aucunes traces d'habitation.

A quatre heures après-midi, on découvrit le détroit de la Baleine ou de Whale. « Mais, dit le capitaine Ross, on ne peut en approcher à cause des glaces. » A neuf heures, on découvrit les îles de Carey, qui s'accordent avec la description de Baffin, et qui paraissent à environ douze lieues de la terre, qui est située au Nord.

Le 19, on vit l'île d'Hackluit de Baffin, qui parut à peu de distance de la terre, et à l'Ouest de laquelle on trouva un cap auquel on donna le nom de *sir James Saumarez*. « Peu après sept heures du soir, dit le capitaine Ross, une bonne brise s'étant élevée, je conçus l'espoir de pouvoir examiner le grand détroit qui paraissait au Nord, et par lequel il était possible qu'on trouvât un passage. Dans ce dessein, je fis déployer toutes les voiles; mais nous n'eûmes pas fait dix milles qu'il survint un épais brouillard, et que la mer devint très-houleuse.... A dix heures, le temps s'éclaircit, et à une heure du matin, le soleil, passant sur l'azimuth au-dessous du pôle, nous donna une excellente vue du fond de cette baie. On aperçut distinctement la baie de Smith, découverte par Baffin; et les caps qui en forment les deux côtés furent nommés *l'Isabelle* et *l'Alexandre*, d'après nos deux vaisseaux. Je regardai le fond de cette baie comme étant à environ dix-huit lieues de distance; mais l'entrée en était complètement bloquée par les glaces. Un épais brouillard couvrit de nouveau l'horizon, et nous dirigeâmes vers l'Ouest. »

Comme la découverte d'un passage était le principal objet du voyage des deux vaisseaux, et comme les baies de Wolstenholme, de Whale ou de la Baleine, et de Smith, formaient trois points où l'on pouvait espérer de le trouver, il n'est pas inutile de comparer à la relation du capitaine Ross ce que disent à ce sujet les autres auteurs que nous avons sous les yeux.

« Après avoir passé le cap de Dudley-Digges, dit l'officier dont la relation se trouve dans *Blackwood's magazine*, nous aperçûmes une baie ou un détroit qu'on jugea celui nommé par Baffin détroit de Wolstenholme. Mais le peu de profondeur de l'eau, et les glaces dont il était rempli, ne permettaient guère d'espérer qu'on y trouvât un passage, et nous en passâmes à la distance de 15 à 20 milles. Le détroit de Whale ne promettait guère plus. Mais bien des officiers auraient désiré qu'on approchât davantage de celui de Smith, qui présentait une large ouverture, et dont nous passâmes à 50 ou 60 milles. »

L'officier qui a publié une relation séparée et détaillée de ce voyage entre dans plus de détails. « Au Nord et à l'Est des îles de Carey, dit-il, on ne, voyait aucune apparence de terre, et nous supposâmes que c'était l'entrée du détroit de Whale de Baffin. A l'Ouest, on voyait distinctement la terre jusqu'à une distance considérable, et vers une heure on nous dit qu'on l'apercevait au Nord-Est, et depuis ce point jusqu'à l'Ouest, tout autour de la baie. Un rapport d'une telle importance nous fit monter tous sur le tillac. Mais quant à moi, je consulterais mon imagination plus que mes yeux, si j'osais dire que j'aie vu autre chose que ce que les marins appellent ordinairement *l'apparence de la terre*. On nous dit, il est vrai, qu'un brouillard était survenu aussitôt après qu'on l'avait vue ; mais il aurait été satisfaisant d'être convaincu de l'existence de cette terre par le témoignage de ses yeux. »

Il parle à peu près de même du détroit de Smith. « Pendant tout le reste du jour, je passai la plus grande partie du temps sur le tillac, curieux de voir si le continent à l'Est, c'est-à-dire la côte du Groënland et celle qu'on apercevait à l'Ouest, se réunissaient; mais je n'eus pas le bonheur de pouvoir en juger, quoique, depuis dix heures jusqu'à minuit, le temps fût parfaitement clair. Il est probable que l'intervalle où *je ne pus reconnaître aucune terre*, est ce que Baffin appelle le détroit de sir Thomas Smith; et si, suivant ce qu'il en dit, cette ouverture *est la plus large et la plus profonde de toute la baie* qui porte son nom, il n'était pas vraisemblable qu'on pût en voir le fond à une telle distance; car nous calculions que nous étions à vingt lieues de la terre la plus voisine. »

Nous réservons pour la fin de l'ouvrage les observations du capitaine Sabine sur le même sujet.

On renonça donc à toutes recherches de ce côté, et l'on se dirigea pendant environ dix milles vers le Sud-Ouest, pour éviter les glaçons dont la mer était couverte, et qui étaient toujours d'autant plus gros et d'autant plus nombreux qu'on s'approchait davantage de la terre. Le capitaine Ross fait alors le raisonnement suivant pour prouver qu'il n'existe point de passage entre le cap qu'il avait nommé *Saumarez*, et celui qui formait la pointe occidentale de la baie, et qu'il nomma le cap *Clarence*.

« Le 19 août, à minuit cinquante minutes, *l'Isabelle* étant presque sous le soixante-dix-septième degré de latitude, à dix lieues à l'Ouest du cap Saumarez qui forme le côté Oriental et le fond de cette baie, on vit distinctinctement la terre. Le 20 et le 21, à la hauteur du cap Clarence et à la distance de six lieues, divers officiers et moi nous vîmes aussi la terre qui forme le côté Occidental et le fond de la baie. Il résulte donc de ces deux observations qu'elle est entièrement entourée de terres. A ces deux époques, cette baie immense était couverte d'un champ de glace, au delà duquel on voyait s'étendre une vaste chaîne de montagnes de glace, qui paraissaient stationnaires, et qui avaient sans doute été jetées sur la côte par les vents du Sud. On remarqua aussi que la marée ne montait, et ne baissait que de quatre pieds, et que le courant en était à peine sensible.

« D'après ces diverses considérations, il paraît parfaitement certain que la terre est continue en cet endroit, et qu'il ne se trouve point de passage au Nord de la baie de Baffin, depuis l'île d'Hackluit, jusqu'au cap Clarence. Quand même ceux qui ne veulent pas démordre de leurs opinions, tant qu'il reste le moindre fil pour les soutenir, prétendraient qu'il peut exister quelque passage étroit entre ces montagnes, il est évident qu'il doit être à jamais innavigable, et qu'il y a même impossibilité d'en constater l'existence, puisque les glaces épaisses qui remplissent ces baies, et qui paraissent n'en avoir jamais bougé, empêchent de pouvoir y pénétrer. »

Le 21, on découvrit une autre ouverture qui était le détroit de Jones de Baffin. Le capitaine désirait la reconnaître, et s'avança vers la terre pendant environ neuf milles à travers de gros glaçons. Mais le long de cette côte, depuis l'île de Wolstenholme, les glaces avaient en quelque sorte changé de nature. Elles étaient, en général, de couleur verdâtre et semblaient formées depuis bien des années. C'étaient des glaçons de forme irrégulière, amoncelés les uns sur les autres, et joints ensemble par la gelée, de manière à ne former qu'une seule masse. « Tel étant le caractère de la glace qui nous séparait de la terre, dit le capitaine Ross, il était impossible d'en approcher. »

A compter de ce jour, on commença à remarquer un peu d'obscurité vers minuit, et pendant une heure, on ne pouvait ni lire ni écrire entre les ponts, sans lumière. Sur les côtés d'une montagne de glace à laquelle *l'Alexandre* était amarré, on trouva un nombre immense de clios, et une espèce de méduse qui ne s'était pas encore rencontrée. Les petits bras qui l'entouraient, étaient sans cesse en mouvement, et présentaient les plus belles couleurs, surtout un pourpre brillant. On essaya d'en conserver quelques-unes dans l'esprit de vin; mais on ne les y avait pas plutôt jetées, qu'elles semblaient se dissoudre, ou du moins qu'elles se réduisaient presque à rien. Il y avait en cet endroit une grande quantité de veaux marins : on en compta jusqu'à soixante-deux en même temps sur la glace. On vit aussi beaucoup de traces d'ours.

Les navires restèrent jusqu'au 24 à la hauteur de cette baie, dont l'entrée était aussi bloquée par les glaces. « Il était évident, dit le capitaine Ross, qu'il ne pouvait y avoir de passage de ce côté. *L'Isabelle* avait pêché le 23 un morceau de bois de sapin d'environ dix-huit pouces de longueur, fort avarié par le séjour qu'il avait fait dans la mer, mais non vermoulu. On y voyait des marques de scie et de rabot, et il s'y trouvait des clous. Comme on croit que, depuis Baffin, aucun navire n'avait été dans ces parages, on supposa que cette pièce de bois y avait été amenée du Sud par le vent, à moins qu'elle n'y fût restée depuis le temps de ce navigateur, ce qu'on ne trouvait pas vraisemblable.

La nuit du 24 au 25 fut la première où le soleil disparut tout-à-fait de l'horizon, depuis le 7 juin, ce qui termina un jour de mille huit cent soixante-douze heures.

Le 25, on remarqua que la terre commençait à tourner vers le Sud. On rencontra d'énormes masses de glaces sur plusieurs desquelles on vit de grosses pierres. On en fit prendre des échantillons, et il s'y trouva une sorte de granit gris. Les veaux de mer étaient toujours nombreux. On vit aussi beaucoup de *larus eburneus* et de *larus rissa*; mais une chose remarquable, c'est qu'après avoir passé le cap Sichilik ou du duc d'York, c'est-à-dire, depuis le 10 août, on ne rencontra pas une seule baleine, et l'on ne vit que très-peu d'alcas. On tua quelques oiseaux du genre des pétrels.

A l'extrémité Méridionale de la baie, s'élève un rocher très-remarquable en forme conique, près duquel se trouve un plus petit de même forme. On le nomma le Monument de la Princesse Charlotte. Peu après l'on voit une grande baie qui était entièrement remplie par un glacier : on lui donna le nom de baie de Cobourg; et au cap qui la précède, celui de cap du Prince Léopold.

A six milles au Sud de la baie de Cobourg, on trouva un promontoire fort élevé, qui reçut le nom de cap Cockburn. Il est situé sous 74° 49' de latitude, par 78° 45' de longitude. On reconnut ensuite une grande baie, qu'on nomma baie de Banks. Elle était entièrement couverte de glaces, et entourée de montagnes.

Parmi les différens soins qu'exige la navigation sur une mer couverte de glaces, il en est un qu'il ne faut pas oublier, et qui a pour but d'éviter la rencontre des langues ou projections de glaces qui se trouvent sous l'eau, quelquefois à la profondeur de six à huit pieds, et qui pourraient endommager considérablement un navire. Pour cela, il faut placer à la proue un marin expérimenté, qui, averti, par la couleur de l'eau, de la présence du danger, indique la route qu'il faut prendre pour l'éviter en criant, *babord* ou *stribord*.

Lorsque deux vaisseaux voguent de compagnie sur ces mers, celui qui marche le premier a quelque désavantage, parce que c'est à lui à rompre les glaces et à ouvrir un passage au second. Mais celui-ci, de son côté, trouve aussi des difficultés. Si le premier passe avec vitesse dans un étroit canal rempli de glaçons, ceux qu'il repousse ont une tendance naturelle à reprendre, dès qu'il est passé, la place qu'ils occupaient auparavant, et ce mouvement de réaction se communique aux autres glaçons dont ils sont voisins. Il arrive donc très-fréquemment que le second navire trouve le passage plus difficile que le premier, et quelquefois même qu'il ne peut le forcer; ce qui arriva souvent à *l'Alexandre* qui, étant moins bon voilier que *l'Isabelle*, était toujours au second rang.

Les glaces avaient forcé de prendre le large; mais le 28, on trouva la mer libre, on se rapprocha de la terre, et l'on vit la pointe Méridionale de la baie de Banks, qu'on nomma le cap de Cunningham. On ne put en approcher qu'à cinq lieues, à cause des glaces impénétrables qui bordaient les côtes. Le pays paraissait du reste aussi habitable que la côte opposée où l'on avait trouvé des habitans.

Le 30 août, sous la latitude de 74° 19' 1/2, on découvrit le détroit de sir James Lancaster, et je crois devoir donner ici en entier la relation animée d'un officier, qui se trouve insérée dans *Blackwood's Magazine*.

« Le 30 août, la sonde, qui marquait de 150 à 160 brasses, passa tout à coup à 750, et la température de l'eau passa de 32° à 36°. Le ciel s'étant éclairci, nous vîmes une large ouverture, et d'après la latitude, nous ne pûmes douter que ce ne fût le détroit de sir James Lancaster de Baffin. Entre ses deux extrémités, au Nord et au Sud, il paraissait y avoir au moins 50 milles de distance (1). Comme nous savions que Baffin n'avait pas pénétré dans cette baie, et s'en était tenu au Sud-Est, cet aspect fit briller la joie et l'espérance dans tous les yeux. Depuis le premier officier jusqu'au

(1) Le capitaine Ross n'en donne que quarante-cinq.

dernier matelot, tous se mirent fortement dans l'esprit *que c'était là que devait se trouver le passage au Nord-Ouest*. La largeur du détroit; la profondeur extraornaire de l'eau; le changement de sa température; la mer tellement libre de glaces dans les environs et dans l'intérieur du détroit, qu'on n'y voyait pas flotter un seul glaçon, étaient des circonstances si encourageantes, si différentes de tout ce que nous avions vu jusqu'alors, que tous les cœurs brûlaient du désir de reconnaître ce passage qui devait nous conduire à la gloire et à la fortune (1). Rien jusque-là n'avait refroidi notre enthousiasme; nous n'avions souffert, ni privations, ni fatigues de corps, ni inquiétudes d'esprit; nous n'avions couru aucun danger; nous avions tous été animés d'un même sentiment; mais rien ne nous avait encore inspiré l'espoir de réussir dans notre grande entreprise, et notre ardeur

(1) Le parlement d'Angleterre a promis une récompense très-considérable (20,000 livres sterling, environ 480,000 francs) au navire qui découvrira le passage.

se refroidissait même depuis, et à mesure que nous descendions vers le Sud. Mais trouver une telle ouverture avec les circonstances dont je viens de parler, et dans l'endroit qui, plus que tous les autres paraissait devoir nous conduire sur les côtes Septentrionales de l'Amérique, c'était un événement si inattendu, si bien fait pour inspirer l'enthousiasme, que je crois que chacun jouissait d'avance, en imagination, du plaisir d'écrire à ses amis en datant sa lettre des côtes de la mer Pacifique.

« Nous entrâmes sur-le-champ dans ce détroit dont la largeur continuait d'être à peu près la même aussi loin que la vue pouvait s'étendre. On ne voyait pas une particule de glace, pas la moindre apparence de terre pour fermer le détroit. Tous les cœurs battaient, et chacun aurait voulu monter dans *le nid de corbeau* pour apercevoir plus tôt l'ouverture qui devait nous conduire dans la mer Polaire près de la côte Septentrionale du continent Américain. Cependant, nous n'avions guère fait plus de dix lieues dans le détroit, quand *l'Isabelle* vira de bord, et par conséquent *l'Alexandre* dut en faire autant, et nous retournâmes vers l'entrée du détroit. Pourquoi cela? c'est ce que nous ne pouvions conjecturer; mais nous voguions à toutes voiles. Notre commodore, comme nous l'apprîmes ensuite, avait vu la terre au bout du détroit. Il est impossible de décrire la consternation qui se répandit en ce moment sur toutes les figures, quand on vit s'écrouler ainsi les plus belles espérances. A l'instant où *l'Isabelle* vira de bord, la sonde marquait encore six cent cinquante brasses, et la température de l'eau était la même qu'à l'entrée. *L'Alexandre* était alors de quatre à cinq milles en arrière de *l'Isabelle;* mais du haut du mât on ne voyait pas la moindre apparence de terre dans la direction du détroit.»

L'autre officier qui a publié une relation beaucoup plus détaillée que celle dont nous venons de donner un extrait, parle à peu près dans les mêmes termes. Il ajoute une circonstance qui augmentait encore les espérances qu'on avait conçues, c'est qu'on n'était pas à une très-grande distance de l'endroit où M. Hearne avait vu la mer à l'embouchure du fleuve de Coppermine.

« Le vent ayant été contre nous, dit-il, pendant toute la journée du 30, nous ne fîmes que peu de chemin; mais, dans la matinée du lendemain, tout contribua à augmenter nos espérances. On ne voyait de glaces d'aucun côté, et à sept heures le ciel étant parfaitement pur et serein, on ne distinguait pas la moindre apparence de terre en face de nous, et nous étions à environ sept à huit lieues de la côte Septentrionale, et à six ou sept de celle du côté du Sud. Mais, hélas! ces apparences flatteuses disparurent bientôt. A environ trois heures après-midi, *l'Isabelle* vira de bord à notre grande surprise; car nous n'apercevions pas la terre au fond du détroit, et le temps était trop brumeux pour qu'on pût la distinguer de bien loin. »

Après avoir lu ces deux récits, il est juste d'entendre aussi celui du capitaine Ross, et d'écouter les raisons qu'il donne de sa conduite.

« Le 30, à dix heures du matin, dit-il, nous vîmes la terre qui forme le côté Septentrional de la baie, qui s'étend de l'Ouest au Nord par une chaîne de hautes montagnes. Bientôt, on en découvrit le côté méridional s'étendant de Sud-Ouest en Sud-Est, et formant pareillement une chaîne de montagnes très-élevées. Dans l'espace entre l'Ouest et le Sud-Ouest, on voyait un ciel jaunâtre; mais on n'apercevait pas de terre: on ne voyait sur l'eau d'autres glaces qu'un petit nombre de montagnes, et cette ouverture avait l'apparence d'un canal....

« Pendant cette journée, les apparences qu'offrait ce détroit firent naître à bord beaucoup d'espérances. L'opinion générale était pourtant que ce n'était qu'une baie. Le capitaine Sabine pensa que nous n'avions pas d'espoir de trouver un passage avant d'arriver au détroit de Cumberland. Pour me servir de ses propres paroles, il n'y avait là aucune indication de passage: point d'apparence de courant; pas de bois entraîné par les flots; point de vagues venant du Nord-Ouest. » Au contraire, on voyait partiellement la terre se rapprocher, et la température de l'eau commençait à décroître. Cependant, on ne put rien décider pendant cette journée.

« Le lendemain matin, un peu avant quatre heures, les officiers de garde virent la terre au fond du détroit. Mais, avant que je fusse monté sur le tillac, un espace d'environ sept degrés du compas était obscurci par le brouillard. La terre que je vis alors était une chaîne de hautes montagnes s'étendant directement à travers le fond de la baie, et celles du côté du Nord ressemblaient à des îles, la base en étant cachée par le brouillard. Quoiqu'il n'y eût guère d'espoir de trouver un passage dans cette direction, je résolus de m'en assurer complètement, et le vent étant favorable, je m'avançai à toutes voiles, laissant l'*Alexandre* en arrière. Le temps était variable, tantôt serein, tantôt chargé de nuage. A midi, M. Béverley, l'officier le plus ardent dans ses espérances, monta au nid de corbeau, et vint me dire qu'avant que l'atmosphère se fût couverte, il avait vu la terre au fond de la baie, à l'exception d'un espace très-peu considérable. Quoique personne ne conservât plus d'espoir de passage, je résolus d'avancer encore plus avant.

« A deux heures et demie, j'étais descendu pour dîner, après avoir donné ordre qu'on m'avertît s'il y avait apparence de terre ou de glace en face de nous. A trois heures, l'officier de garde, qui venait d'être relevé par M. Lewis, me dit en entrant dans la cabane que le temps semblait s'éclaircir au fond de la baie. Je montai à l'instant sur le tillac, et bientôt après le ciel s'éclaircit complètement pendant environ dix minutes. Alors, je vis distinctement la terre tout autour de la baie formant une chaîne de montagnes, qui se joignaient à celles qu'on voyait de chaque côté. Cette terre paraissait être à la distance de huit lieues, et je vis aussi, à la distance de sept milles, un champ de glace non interrompu qui s'étendait d'un côté à l'autre de la baie. Dans le coin du côté du Nord, qui fut le dernier que je vis, était une baie profonde, et comme la latitude en répondait exactement à celle que donne Baffin à la baie de Lancaster, je ne doute pas que ce ne soit celle qu'a décrite cet habile navigateur, et c'est une nouvelle preuve de son exactitude.

« A trois heures un quart, le temps s'étant couvert de nouveau, et étant bien convaincu qu'il n'existait point de passage de ce côté, je virai de bord pour rejoindre *l'Alexandre*, et nous retournâmes vers l'entrée de la baie....

« Il est inutile ici de récapituler les faits que je viens de rapporter; mais il ne l'est pas de faire remarquer que mes instructions m'enjoignaient de faire grande attention aux courans, et de me guider d'après eux; de chercher le passage du Nord-Ouest vers le soixante-douzième degré de latitude; enfin de quitter les glaces du 15 au 20 septembre, ou au plus tard le 1er octobre. Il était bien prouvé qu'il n'existait de courant ni dans cette baie, ni plus au Nord ; il en résultait donc que je devais supposer que j'étais encore au Nord de ce courant qu'on représentait avec tant de confiance comme existant, et que, par conséquent, je ne devais pas persister à chercher un passage dans cette baie; mais que je devais espérer de le découvrir en m'avançant vers le Sud. Il ne me restait qu'un mois pour terminer mes opérations, pendant lequel mois les nuits sont longues, et je ne devais raisonnablement attendre que deux beaux jours sur sept. Je n'avais donc plus qu'environ huit jours pour reconnaître le reste de la baie de Baffin dans une distance de plus de quatre cents milles dont la moitié n'avait jamais été reconnue.

« Malgré tous ces motifs, mon désir de reconnaître toutes les parties de la côte, fit que j'avançai, même sans conserver aucun espoir de trouver un passage, jusqu'à ce que j'eusse vu la terre au fond de la baie, et le champ de glace non interrompue, ce qui mettait la question hors de doute. Après avoir résolu de retourner vers le Sud, je fis part de mes réflexions aux officiers, ainsi qu'au capitaine Sabine, qui répéta, à chaque occasion, qu'il n'y avait *nulle indication de passage.*»

On voit ici que le capitaine Ross, dans deux endroits de sa narration cherche à fortifier son opinion de celle du capitaine Sabine. Mais celui-ci, dans sa brochure intitulée *Remarques sur la Relation du capitaine Ross*, déclare qu'il est possible que, dans la conversation, il ait fait les observations qui lui sont attribuées; mais que c'était à la hauteur de la baie de Lancaster, c'est-à-dire *avant d'y entrer*, et que de ce qu'on ne voyait, *ni vagues venant du Nord-Ouest, ni bois entraîné par les flots, ni apparence de courant*, il n'en résultait pas une preuve positive qu'il ne pouvait exister de passage en cet endroit; enfin qu'on ne fit pas même les expériences nécessaires pour s'assurer s'il s'y trouvait ou non un courant.

« Le capitaine Ross, continue M. Sabine, dit, qu'*après avoir résolu de retourner vers le Sud, il fit part de ses réflexions aux officiers ainsi qu'au capitaine Sabine.* Ce ne fut

fut que le 31 août à sept heures du soir, que l'officier qui descendait de garde, étant venu me trouver, me dit que les vaisseaux retournaient à toutes voiles vers l'entrée du détroit. Je lui en demandai la raison, et il me répondit : « Le capitaine dit qu'il a vu la terre tout autour de l'ouverture. »

« Ce ne fut que le lendemain, quand nous étions déjà sortis du détroit, que le capitaine Ross eut avec moi une conversation à ce sujet. Le but n'en était certainement pas de me consulter sur la question de savoir s'il fallait quitter un détroit où nous n'étions déjà plus ; ce n'était pas davantage de savoir si je pensais, comme lui, qu'un passage ne pouvait exister en cet endroit ; car il savait fort bien que je n'avais pas vu la terre, *seule preuve décisive* qu'on pût avoir. J'aurais été charmé de la voir de mes propres yeux, plutôt que d'être obligé de m'en rapporter au témoignage d'un autre, dans une occasion si importante ; mais je n'étais pas sur le tillac à l'instant où l'on dit qu'on vit la terre, et je n'en fus instruit que quatre heures après, quoique le capitaine Ross, dans ses instructions générales, eût donné ordre d'appeler le capitaine Sabine toutes les fois qu'il se présenterait quelque objet remarquable dans le ciel ou sur la mer, et je perdis ainsi l'occasion de voir *deux objets très-remarquables*, le champ de glace qui couvrait le fond de la baie de Lancaster, et la chaîne de montagnes qui la terminait. Je fis au capitaine quelques questions sur la terre qu'il avait vue la veille : il m'y répondit, mais il ne me demanda point ce que j'en pensais.

» Il existe quelques points matériels de différence entre le compte que rendit le capitaine Ross à l'époque où mon opinion fut formée sur cette affaire, et la relation qu'il a publiée depuis ce temps. Il est nécessaire de les expliquer pour justifier mon opinion, parce que sa relation imprimée ne laisse aucune espérance, au lieu que ce qu'il avait dit en premier lieu laissait des doutes considérables.

» D'abord, le capitaine Ross évaluait la distance de la terre qu'il avait vue, comme *beaucoup* plus considérable que celle qu'il lui donne aujourd'hui. Cela pourrait être établi sur d'autres autorités que la mienne; mais cela est inutile, car l'estimation des distances admettant de l'incertitude, chacun a droit de revenir sur ses premières impressions.

» Ensuite, le capitaine dit alors qu'il était *la seule personne qui eût vu la terre*. Ce point étant important pour se former une opinion, je dois dire que je l'ai entendu depuis répéter souvent la même assertion. J'en citerai une occasion en particulier, parce qu'elle eut lieu à une époque rapprochée. A notre retour aux îles de Schetland, en novembre 1818, le lieutenant Parry et moi nous fûmes invités à dîner avec lui chez M. Mouat. Le capitaine Ross y raconta diverses particularités de son voyage, et en réponse à une question que lui fit un des convives, il dit : « Je fus la seule personne qui vis la terre. J'espérai un moment que M. Lewis, le maître, la verrait comme moi; mais il paraît qu'il ne la vit pas. » Si ce ne sont pas ses propres expressions, c'en est au moins le sens. Au surplus, j'ai prié M. Parry, qui était présent, de joindre son témoignage au mien, et voici la réponse que j'en ai reçue.

» A bord de *l'Héda*, ce 9 avril 1818.

» Mon cher Sabine,

» En réponse à votre billet de ce matin, je ne puis hésiter à déclarer que j'ai entendu plus d'une fois le capitaine Ross dire, dans les îles de Shetland, qu'il croyait être la seule personne qui eût vu la terre tout autour du détroit de Lancaster.

» Je suis votre affectionné,

William Edward Parry.

» Il me reste à ajouter que je n'avais aucune raison pour douter de l'exactitude de ce que disait le capitaine aux îles de Shetland, attendu que cet objet fut long-temps le sujet de toutes les conversations à bord des deux navires, et que je n'y ai jamais entendu citer personne qui eût vu la terre, que le capitaine Ross.

» Enfin, le capitaine Ross donne maintenant une autre raison pour ne pas avoir avancé davantage dans le détroit, et elle est, sans contredit, bien suffisante; je veux dire, *la barrière de glaces*. S'il en avait parlé dans notre conversation au 1.er septembre, il aurait été inutile de chercher d'autres motifs pour avoir quitté le détroit. Je suis parfaitement certain que le capitaine ne m'en parla point; car, même après notre retour en Angleterre, j'ignorais encore qu'il eût vu de la glace dans le détroit de Lancaster. Si l'on eût parlé d'une telle circonstance pendant le voyage, elle n'aurait pu manquer de me frapper comme contrariant l'opinion générale.

» Ainsi donc, tout ce que je puis conclure du récit que me fit le capitaine de la terre qu'il avait vue, seul témoignage que j'en pus obtenir, fut que la terre aperçue un instant par un seul individu, à une distance considérable, et par un jour défavorable, dans un endroit qui avait fait naître de si vives espérances, ne passerait pas à notre retour en Angleterre pour une preuve décisive. »

Nous nous sommes un peu étendus sur

cette discussion, attendu son importance; car il ne faut pas oublier que l'objet du voyage dont il s'agit ici était de découvrir un passage au Nord-Ouest, et il est essentiel pour la géographie qu'il ne reste aucun doute sur les endroits où il est encore possible de le trouver (1).

Avant de sortir du détroit ou de la baie de Lancaster, puisqu'on ne sait pas encore bien positivement lequel de ces deux noms il faut lui donner; le capitaine Ross fit arrêter les deux navires dans une petite baie au Nord d'un cap situé sous 73° 37' de la latitude par 77° 25' de longitude, et qu'il nomma le cap Biam Martin, et l'on se rendit à terre pour prendre possession du pays au nom de sa majesté Britannique, ce qui se fit suivant les formes ordinaires.

Près du centre de la vallée où l'on dé-

(1) L'impartialité dont nous faisons profession, nous oblige de dire ici que le capitaine Ross annonce une réponse aux observations du capitaine Sabine; mais elle n'a pas encore paru au moment où nous écrivons, et l'on dit même qu'elle ne paraîtra point. — 16 mai 1819.

barqua, on trouva une rivière assez considérable d'eau douce. Il ne s'y trouvait que deux pieds d'eau. D'après la grandeur du lit dans lequel elle coulait, on pouvait conclure qu'il y avait des temps où elle roulait un plus grand volume d'eau qu'en ce moment. On calcula que la largeur en était d'environ cent cinquante pieds, et la profondeur de plus de vingt. On en suivit la rive droite pendant quelque temps, et l'on y trouva une grande variété de productions des règnes minéral et végétal, dont quelques-unes étaient tout-à-fait différentes de celles qu'on avait vues jusqu'alors. On y vit des pierres à fusil; et la pierre à chaux y était fort abondante. En brûlant cette dernière, elle produisait de très-bonne chaux, quand elle était éteinte.

Parmi les végétaux, il s'en trouvait d'une grande beauté; mais tous étaient d'une taille excessivement petite, et à peine s'y trouvait-il un arbuste qui excédât la grosseur du pouce d'un homme. La rigueur du froid en est sans doute la cause; car le long des rives de la rivière il y avait une couche assez profonde de bonne terre. Dans toute la vallée, dont l'étendue était considérable, on ne voyait pas une parcelle de neige. Le sommet des montagnes en était couvert; mais leurs flancs, jusqu'à une assez grande hauteur, n'en offraient pas plus que les bords de la mer.

On fut surpris de ne pas trouver d'habitans en cet endroit qui paraissait plus habitable que tous ceux qu'on avait vus dans ces régions. Les animaux mêmes y étaient rares. Ceux qui débarquèrent les premiers virent un ours blanc sur lequel ils firent feu; mais qui s'échappa en se jetant à la mer. On tua un lièvre blanc, un martin pêcheur et une couple de bécassines. On vit les traces d'un animal à pied fourchu, dont le sabot avait sept pouces et demi de longueur, sur cinq et demi de largeur.

« L'objet le plus curieux que nous trouvâmes, dit l'auteur de la relation, mentionnée la seconde dans le titre de cet ouvrage, quoique sans valeur par lui-même, fut un morceaux d'écorce de bouleau que je ramassai dans un petit ruisseau, à un demi-mille au moins du rivage. Comment se trouvait-il en cet endroit? Ce serait un sujet de recherches assez intéressant; car il ne s'y trouvait pas de bois de cette espèce, et l'on ne pouvait supposer que des hommes l'y eussent apporté, puisqu'on n'en aperçut aucunes traces. Est-il possible qu'il ait été amené du Sud par la rivière qui coule dans cette vallée? En ce cas, elle avait dû se déborder considérablement, car on l'en trouva à près de mille pas. Parmi d'autres substances qui nous parurent curieuses, il ne faut pas oublier une pierre noirâtre d'un gros grain, qui, lorsqu'elle était brisée, répandait une odeur semblable à un mélange de différentes drogues. »

CHAPITRE VIII.

Départ du détroit de Lancaster. — Ours blancs. — Le monument d'Agnès. — Énorme montagne de glace. — Cap Walsingham. — Détroit de Cumberland. — Ile de la Résolution. — Aurores boréales. — Tempête qui sépare les deux navires. — Ils arrivent aux îles de Shetland. — Observations sur le résultat de ce Voyage.

« DANS la matinée du 2 septembre, dit le capitaine Ross, nous suivîmes la côte; mais le temps était couvert, le vent violent, les vagues venaient avec force du Sud-Est, et les vaisseaux, sous toutes voiles, pouvaient à peine y résister et ne faisaient pas plus de deux nœuds par heure. Il fallait donc éviter, autant qu'il était possible, d'être jeté à la côte par le vent; ce qui m'empêcha de la reconnaître parfaitement. »

L'officier dont la relation se trouve dans

Blackwood's magazine, est d'accord à cet égard avec le capitaine Ross. « Nous continuâmes à faire voile vers le Sud-Est, dit-il, apercevant la terre de temps en temps, mais nous en tenant toujours à une distance très-respectable. Nous y vîmes plusieurs ouvertures, mais nous n'en examinâmes aucune. »

Depuis le 2 jusqu'au 10 septembre, on ne trouve pas une seule particularité un peu intéressante dans aucun des journaux que nous extrayons. La seule chose que nous puissions dire pour remplir cet intervalle, c'est que le capitaine continua à donner des noms à toutes les montagnes, à la moindre baie et à la plus petite pointe de terre qu'il put apercevoir; usage qu'il avait régulièrement suivi depuis son entrée dans la baie de Baffin: de sorte que la carte qu'il en a publiée est plus chargée de noms que celles de quelque pays que ce soit de l'univers, et qu'il existe à peine un homme un peu connu en Angleterre qui ne voie figurer son nom dans ces parages à la pointe d'un cap, au fond d'une baie, ou sur la cime d'un rocher. Nous aurions peut-être dû dire qu'il donna celui de M. Croker aux montagnes qu'il a vues, ou qu'il a cru voir, au fond du détroit de Lancaster.

Le 10 vers dix heures du matin, *l'Alexandre* vit un gros ours blanc à la nage, et mit une chaloupe en mer pour l'attaquer. Dès qu'il se vit poursuivi, il chercha à s'échapper en plongeant à diverses reprises; mais ayant été blessé de deux coups de fusil, la chaloupe parvint à l'atteindre. Il fit alors une vigoureuse défense, saisissant avec sa gueule et ses pattes de devant les piques avec lesquelles on cherchait à le percer. Il fut pourtant mis hors de combat à force de blessures. Mais à l'instant où l'on cherchait à lui passer une corde autour du cou pour le monter sur la chaloupe, il coula à fond. On fut aussi surpris que contrarié de cet événement, mais on ne tarda pas à en être dédommagé. Entre midi et une heure on vit paraître un autre ours de même espèce et de même taille, et l'on mit sur-le-champ deux chaloupes en mer. On lui tira deux coups de fusil avant de le joindre; mais il n'en fut blessé que légèrement, et il opposa une résistance encore plus opiniâtre que le premier. Il rompit entre ses dents le fer d'une pique dirigée contre lui, poussant en même temps des rugissemens horribles, parant avec ses pattes de devant les coups qu'on lui portait, s'efforçant de monter à bord des chaloupes, sur la proue desquelles il laissa des marques de ses griffes et de ses dents. Enfin on vint à bout de le tuer, et on l'envoya à *l'Isabelle*, où on le dépouilla avec soin, de manière à pouvoir empailler la peau pour le Musée Britannique.

Cet animal pesait 1131 livres 1/2, non compris le sang qu'il avait perdu, et qu'on ne peut estimer moins de trente livres. Il avait sept pieds huit pouces de longueur depuis le museau jusqu'à la naissance de la queue, et un peu plus de quatre de hauteur à l'épaule de devant. La circonférence de son cou était de trois pieds deux pouces, et celle de son corps au-dessous des pattes de devant, de six pieds. La queue n'avait que quatre pouces. Il avait le nez noir, les yeux d'un brun foncé, et tout le corps couvert d'un poil blanc, long, fort et épais.

On pourrait presque classer l'ours polaire parmi les amphibies ; car il nage et plonge parfaitement, comme on eut occasion de s'en assurer dans cette journée. Le premier qu'on tua, était au moins à six milles du rivage, et il ne se trouvait pas, dans l'intervalle, un seul glaçon sur lequel il pût se reposer. Celui qui fut tué ensuite, était à peu près à la même distance ; mais il se trouvait une petite île à mi-chemin des vaisseaux à la terre.

Le même jour, on découvrit une petite île de forme circulaire, qui fut nommée le Monument d'Agnès. Elle est élevée d'environ quarante pieds au-dessus du niveau de la mer, et aplatie sur le sommet, excepté du côté du Nord-Ouest. Tous les bords en sont escarpés, si ce n'est en deux endroits au Nord-Ouest et au Sud-Est. *L'Isabelle* y envoya une barque pour y faire la cérémonie de prise de possession. On trouva quelque difficulté à y aborder ; cependant, on parvint à faire ce débarquement du côté de l'Est. On n'y trouva point d'habitans; mais on vit des traces constatant que l'île avait été récemment habitée; un endroit où l'on avait fait du feu, des os d'un veau marin qui paraissait avoir été tué depuis peu, un crâne humain, des fragmens d'un traîneau, et quelques traits servant à conduire les chiens : ce qui porta Sackhouse à penser que ceux qui étaient venus dans cette île, y étaient arrivés en traîneaux et non en canots. S'il ne se trompait pas dans cette conjecture, il fallait que cette île eût été jointe au continent par la glace, peu de temps auparavant. Elle était située à l'ouverture d'une baie profonde dans laquelle le capitaine se proposait d'entrer; mais on reconnut que l'entrée en était entourée d'un dangereux récif, et il fallut y renoncer.

Dans la matinée du 11, le temps étant beau, mais les vaisseaux se trouvant arrêtés par un calme, le lieutenant Parry demanda au capitaine son agrément pour aller mesurer avec exactitude une montagne de glace stationnaire, la plus considérable que les navires eussent encore rencontrée. Elle était à sept lieues, vers l'Est de l'île qu'on avait nommée le monument *d'Agnès*. La permission fut accordée; mais peu s'en fallut qu'on ne fût obligé de renoncer à l'entreprise, attendu la forme inaccessible de l'île. On entra d'abord dans une petite crique qui, du côté par où l'on y arriva, parut être le seul point où il fut possible de débarquer. Mais en l'examinant bien, on y trouva trop de difficultés, et l'on se décida à faire le tour de la montagne, ou plutôt de l'île; ce qui exigea quelques heures. Enfin, la contrariété fut telle, qu'on ne put trouver aucun endroit propre au débarquement, la glace s'élevant de tous côtés en ligne perpendiculaire comme les murailles d'une maison. On retourna dans la petite crique, et un matelot parvint, non sans peine, à grimper jusqu'au haut de la montagne. Il y attacha une corde, et avec ce secours, tout le monde le suivit sans perdre de temps; car il avait vu un énorme ours blanc à peu de distance de lui. On se prépara sur-le-champ à l'attaquer; mais les fusils avaient pris de l'humidité, et il fallut quelques instans pour les mettre en état. Lorsqu'il vit qu'on avançait vers lui, il prit la fuite; ce qui n'inquiéta guère ceux qui le poursuivaient, et qui, connaissant la hauteur de la montagne, ne croyaient pas qu'il pût leur échapper, lorsque, à leur grand étonnement, l'animal, avant même de se trouver pressé, sauta dans la mer d'une élévation de plus de cinquante pieds.

Après cette chasse infructueuse, on s'occupa à mesurer la montagne, et l'on trouva qu'elle avait quatre mille cent soixante-neuf yards (1) de longueur, trois mille huit cent soixante-neuf de largeur, cinquante et un pieds de hauteur au-dessus de l'eau, et qu'elle touchait la terre à la profondeur de soixante et une brasse. Elle avait neuf côtés inégaux. On s'amusa à calculer combien d'espace cette masse de glace pourrait couvrir, si elle était réduite à une épaisseur de six pouces, ce qui serait bien suffisant pour patiner, et l'on trouva qu'elle couvrirait un peu plus de trois mille cinq cent cinq milles carrés.

(1) Mesure de trois pieds.

Le 12, le vent ne permettant pas de naviguer vers le Sud, le capitaine résolut de se diriger vers l'Est, afin de reconnaître s'il existait quelques îles entre les côtes Orientale et Occidentale de cette partie du détroit de Davis. Il s'assura qu'il ne s'en trouvait aucune dans les environs de 70° 40' de latitude, et qu'en conséquence, c'est mal à propos qu'on a placé sous ce parallèle, dans presque toutes les cartes, l'île de James ou de Jacques.

Le 13, on retourna vers l'Ouest, et l'on vit deux gros ours blancs portés sur deux glaçons de peu d'étendue. Ils étaient souvent couverts par une vague; mais ils ne paraissaient pas y faire attention. On vit de grandes troupes de canards sauvages et quelques oiseaux de terre, dont on ne tua qu'un seul. C'était un *emberiza nivalis* femelle. Le lendemain, on rencontra beaucoup de glaces, mais pas assez pour gêner la navigation.

Le 15, à sept heures du matin, on aperçut un groupe d'îles qu'on reconnut ensuite être au nombre de cinq. On supposa que c'étaient les îles Salmon, qui sont placées à peu près sous cette latitude (70°) dans quelques cartes. Le jour suivant, en avançant vers le Sud, on découvrit une baie spacieuse, dans laquelle était une île qu'on nomma Wollaston, et l'on eut à forcer pendant toute la journée suivante une barrière de glaces flottantes qui opposèrent quelque résistance; après quoi on se retrouva dans une mer ouverte.

Le 17, on fut toute la journée en vue de la terre, mais à une telle distance, que tout ce qu'on en put dire, c'est qu'elle était fort élevée et couverte de neige; la mer était sans glace, quoiqu'on fût dans ce qu'on regarde comme la partie la plus étroite de la baie. Vers onze heures du soir il y eut une aurore boréale très-brillante.

Le 19, on aperçut le cap Walsingham, au Sud-Ouest, à la distance de dix lieues, et en se rapprochant de la terre, on découvrit une haute montagne, qu'on supposa le mont Raleigh de Davis. On vit quelques oiseaux qu'on crut d'une nouvelle espèce. On en tua quelques-uns; mais on reconnut que c'étaient des rotges ou *alcas-allés*, dont on avait précédemment vu de si grandes quantités. Il est vrai que le plumage n'en était plus le même; car leur tête et leur cou étaient couverts de plumes blanches, tandis qu'elles étaient noires dans tous les individus qu'on avait vus précédemment.

Il paraît qu'il existe une différence d'opinion entre les naturalistes Français et Anglais, relativement à la couleur de ces oiseaux. Les premiers supposent que ceux qui ont des plumes blanches, sont les jeunes; les autres, au contraire, pensent que la couleur de leur plumage change à l'approche de l'hiver. L'auteur d'une des relations du voyage se range de l'avis des derniers. « Il est probable, dit-il, que si les plumes blanches eussent été une marque particulière aux jeunes, nous en aurions vu quelques-uns le mois dernier, quand nous en avions tous les jours tant de milliers sous les yeux; et il ne serait pas plus raisonnable de supposer que ceux que nous voyons en ce moment, sont tous des jeunes sans exception, puisque nous n'en avons pas vu un seul qui n'eût plus ou moins de plumes blanches sur la tête et sur le cou. »

Le 20, on voyait encore le cap Walsingham, au Sud-Ouest, et à dix lieues de distance; et un vent favorable s'étant élevé, le capitaine résolut d'en profiter pour se rapprocher sans perdre de temps de la côte Orientale du détroit de Davis. Effectivement, le lendemain, à onze heures du matin, on aperçut les rivages du Groënland. Cette dernière croisière par 66° 56′ de latitude, « acheva de prouver, dit le capitaine, que l'île de James (ou de Jacques) n'existe point, et que la terre qu'on a prise pour elle, est le Cumberland de Davis, où nous avons trouvé le cap Walsingham et le mont Raleigh, exactement sous la latitude indiquée par ce navigateur. Il n'y a de différence que dans la longitude, ce qui est commun à tous les points de cette partie du globe ». Le 22, on ne vit pas la terre de la journée.

Le 23, le temps s'étant éclairci, on vit encore sur la côte Occidentale le mont

Raleigh, quoiqu'à une distance d'environ vingt lieues. En ce moment, c'est-à-dire, vers six heures du soir, on crut voir aussi la terre vers le Sud. C'était probablement la côte du Groënland ; mais la vue en était si indistincte, qu'on ne pourrait même affirmer que ce fût la terre. Dans la même soirée, on passa le cercle Arctique, et l'on rentra dans la zône tempérée.

L'aurore boréale se montrait toutes les nuits avec plus ou moins de splendeur ; elle prenait une multitude de formes différentes et paraissait dans diverses parties du ciel. On ne s'aperçut pas qu'elle produisît quelque effet sur l'aiguille aimantée, quoiqu'elle semble avoir avec le magnétisme quelque affinité dont on ne peut encore rendre compte ; car toutes les fois qu'elle forme des arcades, on remarque qu'elles sont à angles droits avec le méridien magnétique. Le capitaine regrette que pendant que ce phénomène paraissait, son vaisseau ne se soit jamais trouvé dans une situation à pouvoir faire usage de l'électromètre.

Le 25, le capitaine, attendu les approches de l'hiver, donna ordre qu'on remît à chaque homme de l'équipage des deux vaisseaux, un assortiment complet des vêtemens chauds, dont les soins de l'amirauté les avaient pourvus à cet effet. Nos lecteurs penseront peut-être qu'il était un peu tard pour prendre cette précaution, l'hiver entre les tropiques ne pouvant être plus froid qu'un été passé au milieu des glaces du Nord, et les navires n'ayant plus alors que quelques jours à rester dans ces parages.

Le 26, on revit les côtes de l'Amérique à la distance de neuf lieues. La direction de la terre semblait être vers le Nord-Ouest. « Le sommet du mont Raleigh, dit le capitaine Ross, se voyait distinctement comme une île, du côté du Nord, à environ dix-huit lieues de distance, et depuis le cap Walsingham nous vîmes un grand nombre de petites baies et de caps auxquels nous donnâmes des noms ; mais la continuité de la terre fut parfaitement reconnue jusqu'à 65° 30' de latitude. »

La carte jointe à la relation du capitaine est parfaitement d'accord avec cette assertion ; car, depuis la baie du Prince-Régent où l'on trouva une nouvelle tribu d'Esquimaux, jusqu'au détroit de Cumberland, qu'il place environ sous le 63° de latitude, la terre y est partout représentée comme continue, à l'exception du détroit de Whale du côté de la côte du Groënland, et de la baie qu'il nomma Pond sur celle de l'Amérique. Cette baie, située sous 72° 37' 1/2 de latitude, avait été découverte le 5 septembre; et tout ce qu'en dit le capitaine, c'est « qu'elle était fort large, qu'elle présentait d'abord l'apparence d'un détroit; mais qu'on découvrit bientôt qu'elle était occupée par un immense glacier qui s'avançait à une distance considérable dans la mer ». Entre ces deux points, au contraire, la ligne des côtes se trouve interrompue dix fois, dans la carte jointe à la relation indiquée la seconde dans la préface de cet ouvrage; et voici ce que dit l'officier qui en est l'auteur, à la date du 28 septembre.

« Le 28, le vent étant fort faible, nous n'avançâmes que très-peu de temps en temps. On vit indistinctement la terre du

Nord par Ouest au Nord-Ouest. Elle ressemblait, en général, à des îles; mais notre distance en était trop grande, pour que nous pussions nous en assurer, la terre la plus voisine de nous en étant à environ vingt-quatre milles. Il n'est cependant pas invraisemblable que la totalité des terres que nous avons vues depuis peu se compose d'une chaîne d'îles. C'est du moins ce qu'elle nous a paru. »

L'autre officier, dont la relation est insérée dans *Blaskwood's Magazine*, fait en deux mots l'histoire de la navigation, depuis le détroit de Lancaster, jusqu'au cap Farewell.

« Nous continuâmes à suivre la terre jusqu'au cap Walsingham, qui forme le côté Septentrional de l'entrée du détroit de Cumberland (1), dans lequel Davis s'avança pendant cent quatre-vingts milles. Mais nous n'essayâmes pas une seule fois

(1) Dans la carte du capitaine Ross, la terre est continuée sans interruption depuis le cap Walsingham jusqu'à environ 3° plus bas.

de le reconnaître, et nous nous dirigeâmes de là vers le cap Farewell. »

On vit encore la terre le 29 et le 30, mais à trop de distance pour pouvoir en parler. Le sommet des montagnes était couvert de neige, mais plus bas la terre paraissait noire.

« Le 1er octobre, dit le capitaine Ross, nous fîmes voile vers la terre à la pointe du jour. A sept heures, nous vîmes une île qui paraissait à huit lieues de la terre qu'on avait vue à l'Ouest. Vers midi le ciel était pur, on voyait distinctement cette terre, entre laquelle et celle qui était plus au Sud, on n'apercevait aucune côte. Nous ne doutâmes donc pas que ce ne fût le détroit de Cumberland. En approchant de l'entrée, nous trouvâmes une forte marée qui pendant la journée se fit sentir dans toutes les directions. On vit aussi plusieurs petites îles au Nord et au Sud de la grande ouverture qui paraissait avoir 30 à 40 milles de largeur. Dans la matinée on remarqua que le courant portait le vaisseau vers l'Ouest, et après-midi vers le Sud-Est, à raison de deux milles par heure.

« Comme le 1er octobre était la dernière époque fixée par mes instructions pour continuer mes opérations, je ne me crus pas autorisé à entrer dans ce détroit pour le reconnaître. D'ailleurs, dans cette saison avancée, cette entreprise n'eût peut-être pas été sans danger, les nuit alors étant longues, les jours, déjà courts par eux-mêmes, étant en général obscurcis par la neige et les brouillards, et tous les agrès du navire étant couverts de glace. Je jugeai cependant à propos de continuer à faire voile vers le Sud jusqu'à l'île de la Résolution dont la position exacte avait été établie par M. Wales (1). On verra que, suivant la terre depuis le cap Walsingham, on ne pouvait douter qu'elle ne continuât sans interruption jusqu'à l'endroit où nous trouvâmes le détroit de Cumberland qui est situé beaucoup plus au Sud qu'il n'est marqué dans les dernières cartes de l'amirauté, mais fort près de la position que Davis lui assigne sur sa carte, qui a été

(1) Cette île ne se trouve pas sur la carte du capitaine Ross.

trouvée depuis notre retour (1). La circonstance du courant que nous trouvâmes à

(1) Nous sommes bien tentés de croire que le capitaine Ross a pris le détroit de Frobisher pour celui de Cumberland. On a vu qu'il ne côtoyait pas la terre avec beaucoup d'exactitude. Le 29 et le 30 septembre, on était très-éloigné de la côte; le 1er octobre, il s'en rapproche, et il aperçoit son prétendu détroit de Cumberland, beaucoup plus au Sud, dit-il, qu'il n'est marqué sur les cartes de l'Amirauté. Ne peut-on pas supposer qu'il était en pleine mer, quand il se trouvait à la hauteur du véritable détroit de Cumberland, et qu'il ne s'est rapproché des côtes qu'après avoir passé la grande île qui forme le côté Septentrional du détroit de Frobisher? Tout ce qu'il dit à la date des 1er et 2 octobre nous confirme dans cette opinion.

1° La latitude qu'il donne à son détroit de Cumberland, convient beaucoup mieux à celui de Forbisher. Il ne la cite pas dans le corps de sa relation; mais il met en marge de la page où il en parle, 62° 51 3/4'.

2° Il voit au Nord et au Sud de l'entrée de ce détroit plusieurs petites îles. Les différentes cartes anglaises et françaises, que nous avons sous les yeux, en marquent plusieurs à l'entrée du détroit de Forbisher, et pas une seule devant celui de Cumberland.

l'entrée de ce détroit, ne laisse aucun doute qu'on ne doive espérer d'y trouver un passage plutôt que partout ailleurs, et nous eûmes un bien grand regret de n'y être pas arrivés plus tôt. »

Le lendemain, à neuf heures du matin, on vit l'île de la Résolution à la distance d'environ 18 lieues du côté du Sud. « Mon intention, dit le capitaine, était d'obtenir une meilleure vue de cette île; mais, le 3, le temps étant chargé de brouillards, et le vent léger et variable, je fut obligé de renoncer à une entreprise trop hasardeuse dans les circonstances où nous nous trouvions, c'est à dire un temps couvert, des bâtimens mauvais voiliers, point de lune, de hautes

3° S'il était alors à la hauteur du véritable détroit de Cumberland, comment se fait-il qu'il ne dise pas un seul mot de celui de Forbisher, devant lequel il a du passer avant d'apercevoir l'île de la Résolution?

Au surplus, nous abandonnons l'examen de cette question aux géographes de profession, plus en état que nous de la résoudre, et auxquels nous désirons seulement soumettre nos conjectures.

Note du Traducteur.

marées, une côte entourée de rochers; et enfin l'époque fixée par mes instructions était passée. »

L'Isabelle fit donc à *l'Alexandre* le signal de se diriger vers le cap Farewel, et là se termina tout espoir de découvertes. Aucun incident ne marqua la navigation jusqu'au 9, jour auquel les deux vaisseaux essuyèrent une tempête qui les sépara, et ils ne se rejoignirent qu'aux îles de Shetland, ayant tous deux souffert plusieurs avaries.

Pendant cette tempête, qui dura plus de dix-sept heures sans interruption, on eut la vue d'une superbe aurore boréale; mais on en vit une encore plus belle le 22, à huit heures quarante minutes du soir, à bord de *l'Alexandre*. Elle formait une grande arcade, qui s'étendait de l'Est par Sud à l'Ouest par Sud, et son élévation était de 50°. Quand elle eut resté stationnaire environ dix minutes, il s'en détacha de vifs éclats de lumière sous des formes sans nombre, tantôt en droite ligne, tantôt ressemblant à un immense volume de fumée, quelquefois formant des fragmens de cercles dans le Zénith et dans les environs. La couleur en était généralement d'un jaune verdâtre, et elle répandait un éclat plus vif et plus brillant que toutes celles qu'on avait vues précédemment. Sa partie la plus lumineuse était à l'extrémité Orientale de l'arcade. Une lumière stationnaire se faisait remarquer dans la partie Septentrionale du ciel, à environ 20° de hauteur. Les aiguilles aimantées n'en furent nullement affectées. Elle dura environ quinze minutes dans sa plus grande beauté.

Le 30 octobre, à deux heures et demie après-midi, *l'Alexandre* arriva dans la rade de Bressay, dans les îles de Shetland, et là, nous pouvons regarder son voyage comme terminé.

Parmi les pertes que la tempête du 9 fit éprouver à *l'Isabelle*, il ne faut pas oublier celle du chien que le capitaine Ross avait acheté de la nouvelle peuplade d'Esquimaux qu'il trouva dans la baie du Prince-Régent. Il nous avait déjà appris précédemment que cet accident avait été occasioné par une vague qui l'enleva de dessus le tillac. Le reste du voyage n'offre aucun intérêt, et ce bâtiment arriva dans la rade de Bressay, quelques heures après *l'Alexandre*.

Le capitaine Ross termine sa relation sans faire aucunes réflexions générales sur son voyage; et l'officier, dont la narration est la plus étendue après celle du capitaine, garde le même silence à cet égard. Mais nous croyons devoir mettre sous les yeux de nos lecteurs les observations que font à ce sujet le capitaine Sabine, et l'officier dont la relation se trouve dans *Blackwood's Magazine*.

Voici d'abord ce que dit le dernier.

« Vous me demanderez probablement mon opinion sur l'existence d'un passage au Nord-Ouest, et sur la possibilité de le traverser; mais je me trouve tout-à-fait hors d'état de pouvoir donner sur cet objet une opinion bien fondée. Je puis pourtant assurer, sans craindre de me tromper, que nos observations ne nous fournissent aucune raison pour assurer, comme je sais qu'on l'a fait dans plusieurs journaux, et à ce qu'il paraît, d'après une autorité semi-officielle, qu'*il n'existe point de passage de la baie de Baffin dans la mer Pacifique.* Je suis très-certain que pas un des officiers qui ont fait ce voyage n'a hasardé une telle assertion, parce que pas un ne peut en être convaincu. Si pourtant il fallait que je donnasse mon opinion sur cette question intéressante, je dirais que toute la terre qui entoure la baie de Baffin, depuis le détroit de Wolstenholme jusqu'à la côte Septentrionale du Labrador, est coupée par un si grand nombre de baies ou de détroits, qu'à en juger par les apparences, la terre qui forme le côté Occidental du détroit de Davis et de la baie de Baffin ne forme qu'un grand archipel d'îles, au-delà desquelles est la mer Polaire. Mais tous ces détroits, ou même quelques-uns d'entre eux, sont-ils navigables? c'est une question qui reste encore à décider, et que l'expérience pratique peut seule résoudre.

Il ne nous reste plus à voir que ce que dit à ce sujet le capitaine Sabine.

« On m'a souvent demandé quel a été le résultat de ce voyage, relativement à la découverte d'un passage au Nord-Ouest. On peut répondre à cette question, sans entrer dans de grands détails.

» On a rendu à la géographie un important service, en établissant la confiance qu'on doit avoir dans les journaux de nos anciens navigateurs. Toutes les fois que nous suivîmes les traces de Baffin, nous eûmes des motifs pour admirer la fidélité de ses descriptions, et l'exactitude générale de ses observations. Il est donc à présumer qu'on doit également ajouter foi à sa relation, toutes les fois qu'il pénétra plus avant que nous, et qu'il s'approcha davantage des côtes. Ses voyages et ceux de Davis n'en ont laissé que peu de parties non reconnues; mais ces parties sont les plus intéressantes par leur situation et par d'autres circonstances. Quoique la direction générale de la terre ait fait naître dans l'esprit de Baffin, qu'elle formait une baie à laquelle on a donné son nom; il est pourtant clair, d'après sa propre relation, qu'il ne regardait pas comme prouvé que ce fût une baie. Il n'avait vu la terre que par intervalle; elle était interrompue par de larges ouvertures auxquelles il donna le nom de baies; et il regarda comme nécessaire de se justifier de n'avoir pas mieux reconnu les côtes, et d'expliquer les causes qui l'en avaient empêché. C'est en partie sur ces ouvertures que se sont fondées les espérances des personnes qui depuis ce temps ont cru à la probabilité d'un passage. Les instructions données au lieutenant Young, en 1777, le chargeaient d'examiner ces ouvertures; mais il n'atteignit pas la côte. Elles sont donc restées à reconnaître depuis ce temps, et elles le sont encore aujourd'hui.

« Il s'en trouve sept, dont cinq seulement sont intéressantes, parce qu'elles se trouvent sur les côtes Septentrionale et Occidentale.

« La première est celle de Wolstenholme. Nous en passâmes à quelques milles, assez près pour la reconnaître par *l'île qui est au milieu, et qui y forme deux entrées.*

« La seconde est celle de Whale. Nous pûmes à peine en discerner l'entrée, dont nous étions éloignés de 30 à 40 milles.

« Quant à celle de Smith, la plus grande et la plus profonde de toute cette baie, et qui s'étend au Nord de 78°, nous n'en pouvons rien dire; car nous n'avançâmes pas vers le Nord au-delà de 76° 53' (1).

« Nous arrivâmes à l'entrée de celle de Jones; mais nous n'en approchâmes pas autant que Baffin, qui envoya sa barque à terre. Le temps était couvert, la mer était pleine de glaces, et le rivage inaccessible.

« La dernière est celle de Lancaster. Baffin ne fit que la voir, mais nous y entrâmes, et nous y fîmes environ trente milles. Il est inutile d'entrer dans le détail de toutes les circonstances qui nous donnèrent des espérances dans cette baie, la seule que nous ayons visitée dans ces parages; la grande profondeur de l'eau; l'augmentation sou-

(1) Le capitaine Ross, dans sa Relation, parle de 76° 97'.

daine de la température; l'absence des glaces; la direction des vagues; l'espace qui sépare les deux côtes, plus éloignées l'une de l'autre que celles du détroit de Behring; enfin l'aspect tout différent qu'offrait le rivage de chaque côté; la circonstance surtout que celui du Sud paraissait boisé. Cette magnifique ouverture sera sans doute complétement reconnue par l'expédition qui se prépare en ce moment, et ceux qui y seront employés auront le privilége d'être les premiers dont la curiosité sera satisfaite en mettant hors de doute si c'est une baie ou un détroit (1).

« Depuis cet endroit jusqu'à l'entrée du détroit de Cumberland, la côte était connue

(1) Il est à remarquer, et je crois qu'on ne l'a pas encore fait jusqu'ici, que la seule des sept baies de Davis qui ait été reconnue jusqu'à ce jour, « la belle baie (Fair-Sound) sous 70° 20′ de latitude, » où il resta à l'ancre pendant deux jours, en remontant la côte du Groënland, s'est trouvée être l'entrée du détroit de Weigat. Tant il est facile à l'homme le plus expérimenté de se tromper, à moins d'un examen approfondi.

Note du capitaine Sabine.

imparfaitement auparavant, et nous ne l'avons vue aussi que très-imparfaitement. De là jusqu'à la baie de Répulse, distance qui n'est pas moindre de quatre à cinq cent milles, rien n'a été ajouté à nos connaissance depuis les voyages de Davis, de Baffin et de Foxe : mais le peu qu'on en sait est d'une nature favorable, surtout du côté du Welcome. On peut donc dire que le dernier voyage a resserré le champ des recherches dans de plus étroites limites, et que l'expédition qui se prépare aura à examiner toutes les parties de la côte sur lesquelles nos anciens navigateurs ont laissé de l'incertitude, depuis la côte occidentale du Groënland jusqu'à la baie de Répulse » (1).

(1) A l'instant même où nous finissons cet ouvrage, l'expédition dont on vient de parler met à la voile pour la baie de Baffin. Le lieutenant Parry, qui commandait *l'Alexandre* l'année dernière, a maintenant le commandement en chef des deux navires qui vont faire ce voyage. Espérons qu'il produira des résultats plus certains que celui dont nous venons de présenter l'histoire.

TABLE DES CHAPITRES

CONTENUS DANS CE VOLUME.

CHAPITRE III.

CHAPITRE IV.

CHAPITRE V.

CHAPITRE VI.

CHAPITRE VII.

CHAPITRE VIII.

FIN DE LA TABLE DES CHAPITRES.

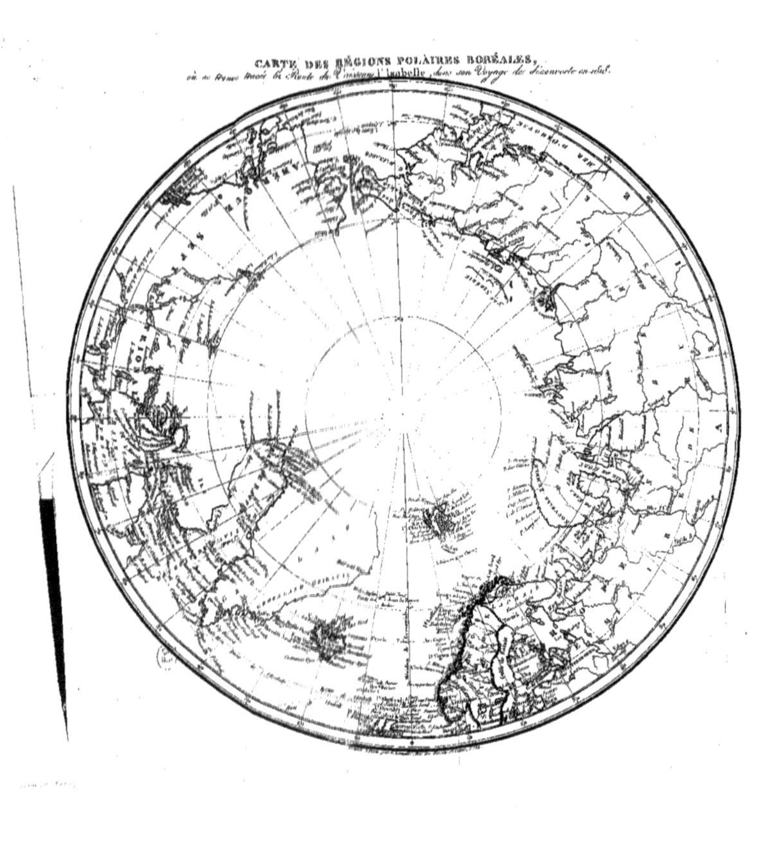
CARTE DES RÉGIONS POLAIRES BORÉALES,
où se trouve tracée la Route du Vaisseau l'Isabelle, dans son Voyage de découverte en 1818.

www.ingramcontent.com/pod-product-compliance
Ingram Content Group UK Ltd.
Pitfield, Milton Keynes, MK11 3LW, UK
UKHW021852190726
13855UKWH00001B/276